非傳統加工

許坤明　編著

🔼全華圖書股份有限公司

序

　　傳統切削加工發展的歷史已經很久，它對人類的文明產生極大的推動作用。但近年來隨著科技的日益進步，針對應用的需要發展出許多兼具高硬度或高韌性的新穎材料，但要對這些特殊材料進行加工，已經不能以傳統的加工方法來達成，於是非傳統加工方法乃應運而生。非傳統加工(Nontraditional Machining)是指傳統車、鉗、銑、鉋、磨等加工以外的一些新的機械加工方法的總稱，主要是指不直接利用機械能，而是利用電能、熱能、光能、聲能、化學能等其他能量來對工件進行尺寸、形狀變更或表面處理加工的一些方法。

　　非傳統加工包括放電加工、電化學加工、雷射加工、電子束加工、離子束加工、電漿加工、超音波加工、流體噴射加工、磨料噴射加工和化學加工等，除了這些單獨的加工方法使用外，亦可結合兩種或多種加工方法的應用而得到複合加工方法來達到截長補短之功效。以上每一種加工方法都具有深奧之學理及廣泛的應用技術，要完整而詳細的介紹是相當困難。

　　本書編寫的目標是做為大專院校教學用書，以及提供從事非傳統加工之技術人員參考與自學之用，因此內容簡潔實用。然而整個非傳統加工領域範圍廣泛，作者限於能力，僅能將十數年來的教學心得編撰成書，書中難免有疏漏之處，敬請讀者不吝賜正。

作者　謹識

國立虎尾科技大學

編輯部序

　　「系統編輯」是我們的編輯方針，我們所提供給您的，絕不是一本書，而是關於這門學問的所有知識，它們由淺入深，循序漸進。

　　「非傳統加工（Nontraditional Machining）」是指傳統車、鉗、銑、鉋、磨等加工以外，新的機械加工方法之總稱，主要是指不直接利用機械能，而利用電能、熱能、光能、聲能、化學能等，其他能量來對工件進行尺寸、形狀變更或表面處理加工的方法。除了這些單獨的加工方法使用外，亦可結合兩種或多種加工方法的應用而得到複合加工方法，來達到截長補短之功效。本書適合大學、科大、技術學院機械科系使用，以及提供從事非傳統加工之技術人員參考與自學之用。

　　同時，為了使您能有系統且循序漸進研習相關方面的叢書，我們以流程圖的方式，列出各有關圖書的閱讀順序，以減少您研習此門學問的摸索時間，並能對這門學問有完整的知識。若您在這方面有任何問題，歡迎來函詢問，我們將竭誠為您服務。

相關叢書介紹

書號：0593102
書名：工程材料科學(第三版)
編著：洪敏雄.王木琴.許志雄
　　　蔡明雄.呂英治.方冠榮
　　　盧陽明
16K/548 頁/600 元

書號：0522802
書名：微機械加工概論(第三版)
編著：楊錫杭.黃廷合
16K/352 頁/400 元

書號：0568305
書名：精密量測檢驗
　　　(含實習及儀器校正)
　　　(第六版)
編著：林詩瑀.陳志堅
16K/496 頁/560 元

書號：0561502
書名：工程材料科學(第三版)
編著：劉國雄.鄭晃忠.李勝隆
　　　林樹均.葉均蔚
16K/784 頁/750 元

書號：0554201
書名：塑性加工學(第二版)
編著：許源泉
20K/384 頁/380 元

書號：05861
書名：產品結構設計實務
編著：林榮德
16K/248 頁/280 元

書號：0548003
書名：機械製造(第四版)
編著：簡文通
16K/480 頁/470 元

書號：0223005
書名：精密量具及機件檢驗(第六版)
編著：張笑航
20K/608 頁/500 元

◎上列書價若有變動，請
　以最新定價為準。

流程圖

書號：0548003
書名：機械製造(第四版)
編著：簡文通

書號：0522802
書名：微機械加工概論
　　　(第三版)
編著：楊錫杭.黃廷合

書號：0564701
書名：機械製造(第二版)
編著：孟繼洛.傅兆章.許源泉
　　　黃聖芳.李炳寅.翁豐在
　　　黃錦鐘.林守儀.林瑞璋
　　　林維新.馮展華.胡毓忠
　　　楊錫杭

書號：0559502
書名：非傳統加工(第三版)
編著：許坤明

書號：0561502
書名：工程材料科學(第三版)
編著：劉國雄.鄭晃忠.李勝隆
　　　林樹均.葉均蔚

書號：0223005
書名：精密量具及機件檢驗
　　　(第六版)
編著：張笑航

目 錄　Contents

第 3 章　電化學加工

第 4 章　雷射加工

第 5 章　電子束加工

第 6 章　離子束加工

第 7 章　電漿加工

第 8 章　超音波加工

第 9 章　流體噴射加工

第 10 章　磨料噴射加工

第 11 章　化學加工

第 12 章　複合加工

NONTRADITIONAL MACHINING

CH **1**

序 論

■ 1-1 早期切削加工之發展

在很早以前，就已經發展出切削物品的方法。最初，這些材料是用手工來切削，使用的工具有骨頭、棍棒和石頭等。到了十七世紀，靠許多基本加工方法將工具發展成用手操作及機械驅動，代表的加工方法是如圖 1-1 所示之木製的簡單車床。靠這些方法而能製造出大量的運貨馬車、船和家具。

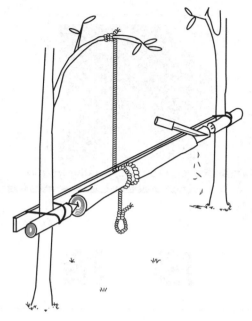

圖 1-1　木製的車床

　　水、蒸氣和電能是十分有用的能源，靠這些能源驅動的機器工具很快的在許多方面取代了手工的操作。在十八、十九世紀，靠這些機器工具進展和同時間配合鋼合金材料冶金技術的發展，新機器工具工業開始成長。

　　對新工業主要的貢獻是來自於 John Wilkinson(1774 年)。他建造了一個精密的引擎搪孔機，因此，克服了首部由蒸氣推動的機械所產生問題。23 年後 Henry Maudslay 設計了車床，加工有了進一步的發展。這部機器包含了可驅動滑輪台架的導螺桿和用齒輪帶動車床主軸的旋轉。導螺桿的用處是可使工具做等速度前進，所以可以產生準確的螺紋。

　　James Nasmyth 發明了第二基本加工工具，那就是鉋床。工件被固定在桌面上並用往復運動的刀具來工作，可加工出一小平面並切割出一個鍵槽。現代的鉋床主要用來加工平面、溝槽、肩(shoulders)、T 形槽(T-slots)和有角度的面。Nasmyth 在 1839 年發明氣動槌用來鍛造較重的零構件。

　　鑽床是第三種加工工具機，它使用麻花鑽頭來鑽孔。

　　Whienty 在 1818 年用第一部銑床來加工槍砲。可將金屬切割成所要求的形狀像溝、榫、T 形槽和平面。第一部復合銑床是 J. R. Brown 在 1862 年建造的，它是利用麻花鑽頭切割出螺旋凹槽。

　　第五種加工工具在十九世紀末被發明，它稱為磨床，一個以研磨輪或研磨帶上面之磨料以接觸方式來移除小的金屬屑片。另外一個新的加工形式稱為「拋光」，把磨料塗佈在柔軟的布上，使平面拋光成高品質的平面或拋光至非常精密。

　　剩下兩個工具機就是鋸床和壓床。前者可分為帶狀鋸和圓盤鋸，用有角度的刀具來切割金屬版使其有內外的輪廓。後者的加工工具則是裝配可動式機械臂來衝擊擠壓放在床台的零件。採用的技巧有剪切、折彎、沉孔和拉削等。

　　在 19 世紀後期和 20 世紀，加工工具因為使用了比蒸氣更好的能源—電，而有了長足的進步。基本的加工工具也得到了改進，舉例來說：現在電腦的自動化技術使得銑床的多刀刃切割機有了快速的進展。即使傳統工具有了進展，但要加工仍需遵循一個大原則，即加工工具的材料要比工件硬。

　　然而，在 19 世紀和 20 世紀間，新的物理現象已經被發掘出來，而這些現象在上述工具發展時仍不為人所知。在一些實例中，由這些新物理現象所建構出的原理已經應用在完全創新的加工方法，而且與傳統加工方法完全不同，這些新加工方法的應用例子也已經被找到。另一方面，這些新進發展出的物理原理目的是在克服一些新的加工問題，例如加工一些以舊有加工方法難以加工的新材料或合金，如：高強度耐高溫的合金、纖維強化複合材料、陶瓷、鈷合金和碳化物等。這些材料用傳統的方法是難以加工的，而使用非傳統的加工方法則可以加工。除了加工堅硬的材料外，現代的材料通常需要被切割成無法以傳統方法加工之複雜形狀構件，現代的新方法則可毫無困難的切割出這些複雜形狀材料。

■ 1-2　非傳統加工的定義及特點

　　非傳統加工(Nontraditional Machining)是指傳統車、鉗、銑、鉋、磨等加工以外的一些新的機械加工方法的總稱，主要是指不直接利用機械能，而是利用電能、熱能、光能、聲能、化學能等其他能量來對工件進行尺寸、形狀變更或表面處理加工的一些方法。

　　由於主要不是靠機械能來切削、磨削工件，因此非傳統加工具有如下之特點：

1. 加工過程中工具和工件之間通常不互相接觸，因此不存在顯著的機械切削應力。
2. 加工用的工具硬度可以低於工件材料的硬度。
3. 可以加工具有特殊要求的零部件，如細長零件、薄壁零件、彈性元器件。
4. 部分非傳統加工法為微細加工，故不僅可加工微小孔或細縫，還可加工出高精度之加工表面。
5. 有些加工法可以用簡單之進給方式，即可加工出複雜形狀的表面。
6. 部分加工方法可以複合使用，形成新加工法以發揮原本單一加工法之特點。

■ 1-3　非傳統加工的分類

　　與其他先進製造技術一樣，非傳統加工正在研發推廣，而且極具發展潛力。非傳統加工的分類至今還沒有明確的劃分，有分成物理加工與化學加工者；亦有將其分為機械的(mechanical)、電的(electrical)、熱的(thermal)、及化學的(chemical)加工。雖然很多加工不只包含一種過程，因此無論如何劃分皆不能分割清楚，但是依照所用能量和作用原理來分類，本書將非傳統加工方法具體分類如表 1-1 所示。

表 1-1　非傳統加工的分類

項次	加工方法	使用能量類型	加工機制	次分類及英文代號
1	放電加工	電能、熱能	融化、汽化	形雕放電加工(EDM) 線切割放電加工(WEDM) 微放電加工(Micro EDM)
2	電化學加工	電化學能	離子轉移	電解加工(ECM) 電解磨削(ECG)
3	雷射加工	光能、熱能	融化、汽化	LBM
4	電子束加工	電能、熱能	融化、汽化	EBM
5	離子束加工	電能、機械能	切蝕	IBM
6	電漿加工	電能、熱能	融化、汽化	PAM
7	超音波加工	聲能、機械能	切蝕	USM
8	流體噴射加工	機械能	切蝕	WDM
9	磨料噴射加工	機械能	切蝕	磨料噴射加工(AJM) 磨料流加工(AFM)
10	化學加工	化學能	腐蝕	化學加工(ECM) 光化學加工(PCM)

■ 1-4　常用非傳統加工方法性能和用途的比較

　　由於非傳統加工法具有一般傳統加工法所無法比擬之優點，因此在現代製造技術中佔有愈來愈重要的地位，目前非傳統加工法之應用已經遍及機械電子及航空工業各領域。每一種加工法都各有其優缺點，如何選擇最恰當之加工方式有賴對各種加工方法之了解。

　　表 1-2 所示為幾種非傳統加工法的綜合比較，從表中可以看出非傳統加工法的應用範圍相當廣泛，各種加工法之應用範圍也不一樣。

表 1-2　非傳統加工法的綜合比較

加工方法	可加工材料	工具損耗率(%)	材料去除率(mm³/min)	尺寸精度(mm)	表面粗糙度 Ra(μm)	主要適用範圍
放電加工	任何導電的金屬材料	1~50	30~3000	0.03~0.003	10~0.04	從數微米的孔、槽到數米的超大型模具、工件等。如，各種類型的孔、各種類型的模具。還可刻字、表面強化、塗覆、磨削等加工。
線切割放電加工	任何導電的金屬材料	極小	20~200 mm²/min	0.02~0.002	5~0.32	切割各種二維及三維直紋面組成的各種模具及零件。也常用於半導體材料和貴重金屬的切割。
電化學加工	任何導電的金屬材料	不損耗	100~10000	0.1~0.01	1.25~0.16	從微小零件到超大型工件、模具的加工。如型孔、型腔、拋光、去毛邊等。
雷射加工	任何材料	不損耗	0.1	0.01~0.001	10~1.25	精密加工微小孔、窄縫及成形切割、刻蝕。還可銲接，熱處理。
電子束加工	任何材料	不損耗	1.6	0.01~0.001	10~1.25	在各種難加工材料上打微小孔、切縫、蝕刻、銲接等。
離子束加工	任何材料	不損耗	很低	最高為0.01μm	0.01	精密微細加工零件表面、拋光、刻蝕、鍍覆等。
電漿加工	鋼料、塑料	不損耗	75000	平均 0.3	1.6~3.2	切割、銲接、熱處理、表面強化。
超音波加工	任何材料	0.1~1.0	1~50	0.03~0.005	0.63~0.16	切割、加工各種諸如玻璃、石英、金剛石等脆硬材料。可穿孔、套料、研磨。
磨料噴射加工	任何材料	噴嘴損耗	20	0.05	0.15~1.6	切割、去毛邊、清理表面、刻蝕。
化學加工	易腐蝕金屬材料	不損耗	15.0	0.01~0.001	0.4~12.5	薄板、片、理孔、型腔的加工，還可減重、圖形蝕刻等。

習 題

1. 何謂非傳統加工?

2. 請列出爲何會發展非傳統加工方法的原因。

3. 說明非傳統加工的分類。

4. 請比較各種非傳統加工法在應用上的差異。

5. 請列舉幾種採用非傳統加工之後,對材料的可加工性產生重大影響的實例。

6. 哪幾種非傳統加工方法會對工件造成熱損傷(thermal damage)?

CH **2**

放電加工

■ 2-1 放電加工的基本原理和特點

■ 2-1-1 放電加工的基本原理

放電加工(Electric Discharge Machining，簡稱 EDM)簡單而言是利用電能轉換成熱能，使工件急速融熔的一種熱性加工方法。其原理是將工件和電極同時浸入介電液中(通常為煤油或蒸餾水)，利用特殊電源供給直流脈衝(DC pulse)，電源正負極各接於工件和電極上，電極與工件由伺服機構控制而維持一小間隙(稱為放電間隙 Discharge Gap)並產生一電場，當放電間隙接近至數 μm 距離時，電場強度增大，而在距離最短之處因介電液的絕緣破壞而產生火花(此時稱為放電現象)。此火花立即變成細的電弧柱，亦即密度非常高的電子

流,在電極與工件最近距離間流通,電子流在流通點產生高熱使金屬工件表面熔化,電極亦可同時被加熱。由於這些熱的產生,使週邊的介電液變成氣化狀態,其體積急劇膨脹而加壓力於被熔化的工件及電極上,熔融的工件及電極被高壓氣體吹離母體,遇到介電液而凝結成粉屑,經由流動之介電液攜離加工部位,未被吹散的部位則隆起殘留於工件及電極表面形成放電痕,加工部位被介電液冷卻而溫度降低,放電的間隙也同時恢復絕緣。如此反覆不停放電直到工件被加工出與電極形狀相反之凹穴出現為止。放電加工與工件的硬度無關,只要是可通電的材料均可加工,而像陶瓷、玻璃等非導體材料,在我們一般的印象中是無法利用放電來加工的,然而最近這幾年的研究發現,利用特殊的方式,利用放電亦可加工非導體材料。圖 2-1 所示為放電加工機的原理。

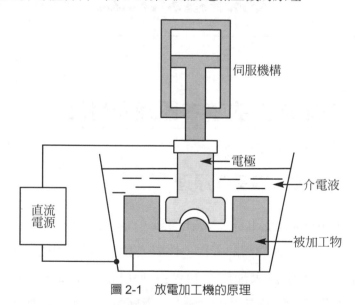

圖 2-1　放電加工機的原理

■ 2-1-2　放電加工特點和應用範圍

　　放電加工較傳統加工具有下列優點:

1. 任何材料只要能導電即可進行放電加工，尤其是對高硬度、燒結碳化物或高韌性之合金更適合，這些材料很難用傳統方法加工。

2. 可加工硬化處理過之工件而避免硬化變形。

3. 能夠加工斷裂在工件內之螺絲攻或鑽頭。

4. 電極與工件不接觸，故不產生切削內應力。

5. 工件加工後沒有毛邊。

6. 能夠加工薄且脆之工件。

7. 可進行鏡面加工。

8. 加工過程可以自動化，一個人可同時操作數部機器。

9. 可切削加工複雜形狀之工件。

10. 可製作完全吻合之上下模。

放電加工其缺點則如下：

1. 工件需能導電。(已有技術可加工非導體，例如陶瓷、玻璃等)

2. 加工速度相對於傳統加工是相當慢的，若是硬要加快加工速度，往往會使得工件表面變得十分粗糙。

3. 加工後工件表面會因加工過程中所產生的高熱，生成較脆且硬的變質層，而且熱應力也常會使表面有一些微細裂縫的形成。

4. 在加工前必須製作電極，同時考慮電極可能的消耗，必須準備較多的電極，以備後續精加工之用。

5. 操作人員需要相當的經驗，用來調整、設定加工參數，兼顧加工速度及表面粗糙度等加工要求。

■ 2-1-3　放電加工原理解說

放電加工之原理解說，可以如圖 2-2 所示，將電源供應當做開關1(SW_1)，

放電間隙當做開關 2(SW_2)，在未放電之前，電源未供電，放電間隙亦沒有電流，故 SW_1，SW_2 均呈 OFF 狀態；當迴路中開始由電源供應器供應電壓，亦即 SW_1 呈 ON 狀態，此時因工件及電極之間尚處在絕緣狀態，故 SW_2 呈 OFF 狀態，亦即工件和電極間存在無負荷電壓 E_0，而放電電流 I_g 為零，放電過程中電壓和電流間之關係如圖 2-3 所示。

當電極工件相互靠近至絕緣破壞產生放電時，SW_2 由 OFF 變為 ON 的狀態時，工件和電極間之放電電流由零驟然上升至 I_p 大小，而其電壓則降至 E_g，E_g 為放電電流和極間電阻的乘積。由開始加壓至絕緣崩潰的時間為 τ_n。(稱為無負荷電壓加工時間)。

當 I_p 電流通過一段時間後，以電路控制方式將 SW_1 關掉，成為 OFF 狀態，此時 SW_2 也因沒有電源來源而自然的成為 OFF 狀態，由開始放電至 SW_1 關閉的時間稱為放電電流脈衝寬 τ_p。

經過休息一段時間 τ_r 後再以電路控制方式將 SW_1 變為 ON 的狀態而開始下一波之放電。

在一般的放電加工機上，放電電流 I_p、放電脈衝寬 τ_p、脈衝休止寬 τ_r 均可以用面盤上之按鈕來加以控制，以求得最佳之加工條件進行有效之加工。

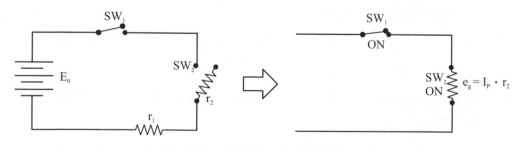

圖 2-2　放電加工之原理解說

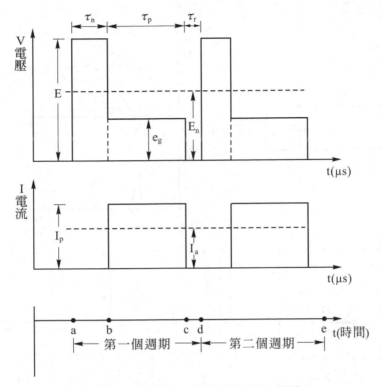

圖 2-3　放電過程中電壓和電流間之關係

■ 2-1-4　放電加工用的脈衝電源

　　放電加工用的脈衝電源發展很快，種類也很多，最早出現的是 RC 脈衝電源，放電波形呈現正弦波之形狀；而在 60 年代初期則出現了電晶體脈衝電源，放電波形呈現方形波之形狀。近年來，由於要求和控制系統相結合，出現了各種自適應控制的脈衝電源，亦有採用兩者互相結合之脈衝電源。三種形式之電路簡圖及其波形如圖 2-4 所示。

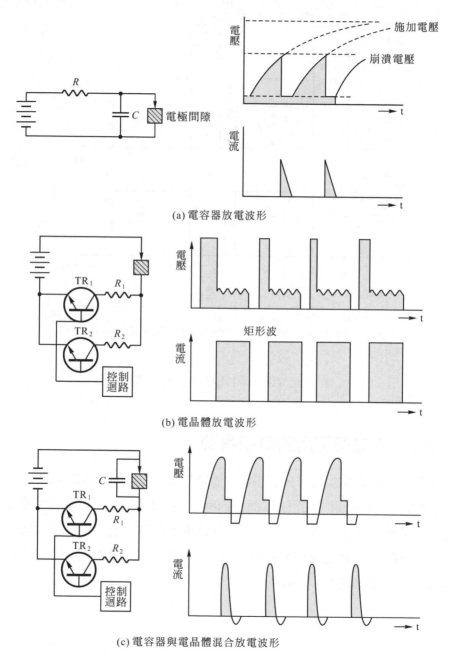

(a) 電容器放電波形

(b) 電晶體放電波形

(c) 電容器與電晶體混合放電波形

圖 2-4　三種脈衝電源電路圖及其放電波形

目前，放電加工機之電源都普遍採用方波(矩形波)脈衝電源。為了改善以及提高加工效果，在普通方波脈衝電源波形的基礎上又設計出幾種不同波形的脈衝電源。主要有：

1. 高低壓複合波脈衝電源

   是在原來 80～100V 方波的基礎上，同時加上 150～800V 的高壓方波，使電極間隙的擊穿機率大為提高。此外，由於峰值電壓高，所以放電間隙較大，有利於切屑排除，因此也促使生產率和穩定性得到提高，尤其在用鋼電極如工具鋼模具時更為明顯。

2. 矩形波分組脈衝電源

   為了獲得較細的表面粗糙度而又兼有較高的加工速度，可把原來的矩形波的脈衝寬和脈衝停止寬減小至 1～2 μs，減小單個脈衝能量而提高放電脈衝的頻率。但是，為了防止連續放電轉成電弧放電，所以每隔一組小脈衝寬(約 10～100 個小脈衝寬，10～200 μs)之後，停歇一段時間(約 5～20 個小脈間，即 5～40 μs)，這就是分組脈衝電源。

3. 階梯波脈衝電源

   如果每個脈衝在擊穿放電間隙後，電壓及電流逐步升高，則可以在不太降低生產率的情況下，大大減少電極損耗，這就是階梯波脈衝電源(一般為前階梯波)近年研製出電流脈衝前沿可調的脈衝電源，可實現高消耗放電加工的工具進給調節系統。

■ 2-2　放電加工機的種類

一般之放電加工機依其用途通常可分為雕模放電加工機、線切割放電加工機及深孔放電加工機三種，另外亦有針對特殊用途而製作之放電切斷加工機、軋輥刻印加工機、微放電加工機等多種。

■ 2-2-1　型雕放電加工機

　　圖 2-5 所示為型雕放電加工機,係將柱狀電極或加工過之複雜形狀電極夾持在加工機之機頭上,以伺服機構做 z 軸方向之移動而在工件上做沉孔或貫穿孔之加工,此種放電加工機亦有由電腦控制進給及位置之 CNC 放電加工機。

圖 2-5　型雕放電加工機及其加工成品(慶鴻機電工業公司提供)

■ 2-2-2　線切割放電加工機

　　此種形式的放電加工機是將電極改為線狀的一種放電加工機,因此可將之定義為一種利用連續送出之細線為電極,而將工件置於工作台上,以放電方式高精度加工成任意輪廓形狀之工具機。

　　它主要是製作三次元形狀的模具製造,例如沖剪模、擠製模、引伸模、燒結模等等,還有像放電加工機的電極製作,少量的加工品試作品、輪廓規的加工、微細加工等。圖 2-6 所示為線切割放電加工機,它是用一根移動的細金屬線做為電極,工件做正極。在電極和工件之間注入介電液(通常為純水),使線

電極和工件之間產生火花放電來去除工件材料。依電極運動速度不同，分高速進給和低速進給兩種方式。高速進給線切割機採用專用的乳化液做介電液，近來也採用水基介電液。低速進給線切割機床採用去離子水或煤油做介電液。

圖 2-6　線切割放電加工機及其加工成品(慶鴻機電工業公司提供)

■ 2-2-3　深孔放電加工機

圖 2-7 所示為深孔放電加工機，主要是進行 3mm 以下之細孔放電加工，其電極為管狀，中央通以高壓水柱來沖離加工粉渣，主要功用為加工線切割穿線時所需要的小孔。

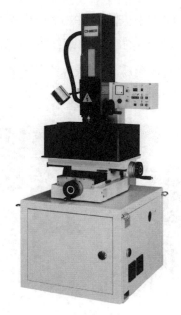

圖 2-7　深孔放電加工機(慶鴻機電工業公司提供)

■ 2-2-4　微放電加工機

比起一般的型雕放電加工，微細放電加工主要用於微小模具的加工，因此其放電迴路、放電能量均有所不同，圖 2-8 所示為微放電加工機之構造圖。

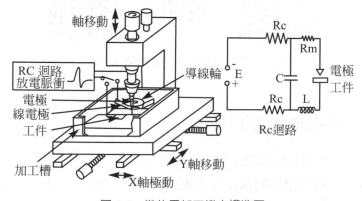

圖 2-8　微放電加工機之構造圖

　　就電極的運動方式而言，一般的雕模放電加工，電極直接在距離工件上方的一個小間隙下進行放電，工件上放電出的凹穴形狀會和電極形狀成相反。而微細放電加工則是將細小之電極以線切割加工方式，再把電極之尖端加工得更細，並配合銑削或研磨動作直接對模具進行一層一層的放電銑削或放電研磨加工。微細電極的直徑通常在 0.10mm 以下，如果使用一般的傳統切削方式來加工勢必有困難，因此必須使用一種稱為線式放電研削(Wire Electric Discharge Grinding, WEDG)的技術。這種加工方式除了克服傳統加工機器心軸偏心與工件夾持的問題外，也克服了加工外力和幾何精度的問題。如圖所示黃銅線在線導軌內持續緩慢滑動，通過電極處對電極做放電加工。而電極的直徑大小則完全由銅線導軌的位置決定。所以如果放電能量很穩定且加工機的精度很高時，電極的幾何精度與尺寸精度均可達高精度的公差範圍。圖 2-9 所示為 WEDG 中以線電極加工微細電極之原理。

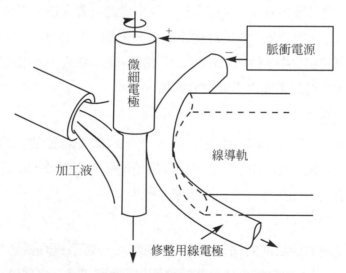

圖 2-9　WEDG 中微細電極之加工原理

■ 2-3 放電加工參數與加工特性

■ 2-3-1 放電加工參數

　　放電加工法發展至今已有數十年之歷史，但對於其加工特性仍未能完全了解，主要是因為放電過程中具有影響性的變數非常多，而各個變數之間又相互關聯，因此要確切瞭解加工特性，不僅要研究各變數對加工過程所造成的影響，更需要以實驗方式去研究這許多變數所產生的合成作用。

　　為使放電加工能得到較佳之效果，對於加工條件之控制必須加以留意，影響放電加工之參數概述如下：

1.　峰值電流(A)

　　是間隙火花放電時脈衝電流的最大值(瞬時值)，雖然峰值電流不易直接測量，但它是影響生產率、表面粗糙度等指標的重要參數。在設計製造脈衝電源時，每一功率放大管的峰值電流是預先選擇計算好的，在電源箱上可以按鈕選定粗、中、精加工時的峰值電流。電流愈大，放電能量愈大加工速度變大，但加工面之表面亦愈粗糙。

2.　放電脈衝寬(τ_p)

　　簡稱脈寬，是為工具和工件上放電間隙兩端的電壓脈衝的持續時間。為了防止電弧燒傷，放電加工只能用斷斷續續的脈衝電壓波，時間愈長表示放電能量愈大，加工速度、表面粗度亦變大。

3.　脈衝休止寬(τ_r)

　　是兩個電壓脈衝之間的間隔時間。時間愈長，加工速度愈慢，愈短則加工速度變快，但太短之脈衝休止寬將會使放電間隙來不及消電離開和恢復絕緣，容易產生電弧放電，燒傷工具和工件。

4.　峰值電壓(V)

　　是間隙開路時電極間最高電壓，等於電源的直流電壓，一般電晶體方波脈

衝電源的峰值電壓為 80～100V，高低壓複合脈衝電源的高壓峰值電壓為175V～300V，峰值電壓高時放電間隙大，生產率高，但成形精度稍差。

5. 電極極性

工件與電極需分別為不同極性才能產生放電，電極極性的選擇通常由電極與工件的材質來決定，正確之極性可得到較快之加工速度及較小之電極消耗。

6. 電極材質

電極材料必須是導電性能良好，損耗小，造型容易，並具有加工穩定、效率高、材料來源豐富、價格便宜等特點。常用電極材料有紫銅、石墨、黃銅、鋼、鑄鐵等。

(1) 紅銅電極

質地細密，加工穩定性好，相對電極損耗較小，適應性廣，尤其適用於製造精密花紋模的電極，其缺點為精車、精磨等機械加工困難。

(2) 石墨電極

適用於在大脈衝寬、大電流之型腔加工，電極損耗可小於 0.5%。抗高溫，變形小，製造容易，重量輕。缺點是容易脫落、掉渣、加工表面粗糙度較粗，精加工時易引弧。

(3) 黃銅電極

黃銅電極加工穩定性好，製造容易，缺點是電極的損耗率較一般電極大，不容易使被加工件一次成形，所以一般只用在簡單的模具加工，或通孔加工，取斷螺絲攻等。

(4) 鑄鐵電極

主要特點是製造容易、價格低廉、材料來源豐富，放電加工穩定性也較好，特別適用於複合式脈衝電源加工，電極損耗一般達 20%以下，對加工冷衝模最適合。

(5) 鋼電極

鋼電極和鑄鐵電極相比，加工穩定性差，效率也較低，但它可把電極

和衝頭合為一體，一次成型，可減少電極與衝頭的製造誤差及工時。電極損耗與鑄鐵相似，適合冷衝模加工。

7. 加工液

加工液的主要作用是絕緣、產生壓力、冷卻及排除粉渣。目前線切割放電加工機用之加工液主要是水性加工液，雕模放電加工機則是以碳氫化合物之加工液為主，初期使用煤油或主軸用油為主，爾後雖有開發放電加工專用低黏度礦油系加工液，但由於臭氣或加工面粗糙等問題，目前合成碳氫化合族系加工液已被放電加工業廣為採用。然而，合成族系加工液和礦油族系加工液比較時，加工速度明顯降低，故現在已開發成功其有良好加工性之高速合成族系加工液。合成族系加工液雖然價位高，但是加工性佳，能創造無臭氣之良好作業環境，未來希望能降低它的製造成本。

通常碳氫化合物族系放電加工液具備的性能計有下列各點：

(1) 黏度低，可以輕易排出加工切屑及積碳。
(2) 燃點及沸點高。
(3) 絕緣性佳。
(4) 臭氣低不曾危害人體，安全性高。
(5) 不會分解有害氣體。
(6) 冷卻性佳。
(7) 不會腐蝕污染加工機具及加工工件。
(8) 價格便宜壽命長，極具經濟性。

8. 加工液沖刷方式

加工液可用噴流或吸流兩種方式將加工粉渣排除，沖刷方式在管狀電極時，可採中央噴流、中央吸流方式。使用一般塊狀或柱狀電極時則可用工件底部噴流、工件底部吸流及側噴法。

9. 放電加工的放電間隙

放電加工時必須使工具和工件之間保持某一較小的放電間隙。間隙過大，

所加電壓擊不穿間隙，形成開路，不能實現放電加工，間隙過小，形成短路，也無法進行放電加工。因此，工具電極自動進給調節裝置和系統是放電加工機床的重要組成部分。

■ 2-3-2　放電加工的基本加工特性

放電加工的基本加工特性有：

1.　加工速度(Vw)

在單位時間(min)內從工件上蝕除下來的金屬體積(mm^3)，或重量(g)稱為加工速度，也稱加工生產率。

2.　表面粗糙度

放電加工後的工件表面粗糙度，沿用機械切削加工中的表面粗糙度。一般以算術平均偏差 Ra 表示，單位為 μm。

3.　放電間隙(加工間隙)

指放電加工時工具和工件之間產生火花放電的一層距離間隙，單位為 mm，它的大小一般在 0.01～0.5mm 之間。粗加工時大，精加工時較小，加工時又分為端面間隙和側面間隙，對穿孔或衝模加工來說又可分為入口間隙和出口間隙。

4.　電極消耗和電極消耗比

電極消耗是放電加工時工具電極的損耗量以長度計單位為 mm，以體積計單位為 mm^3、以重量計單位為 g。電極消耗比是同一時間內電極的損耗量與工件損耗量之比(%)。消耗比小於 1%時稱低消耗加工，粗加工在長脈衝寬、負極性加工時可達到低消耗加工，精加工時電極消耗比較大，一般大於 5%～10%。

■ 2-4 放電加工之特殊應用

除了一般深孔放電加工、形雕放電加工和線切割放電加工外，有時爲了特殊需要而設計出：放電磨削、放電共軛回轉加工、放電硬化加工等等之特殊放電加工機具，以下對這些特殊應用做擇要簡介。

■ 2-4-1 放電磨削

放電磨削並不是藉研磨力量來加工工件，而是應用類似磨削的方法進行放電加工，工具電極與工件之間有較高速度的相對運動。圖 2-10 爲放電磨削之示意圖。放電磨削通常可分爲內孔磨削、外圓磨削、平面磨削及成形磨削等。

2-4-1-1 放電小孔磨削

以砂輪磨小孔尤其是深孔時，砂輪軸必須高速旋轉，且剛度又低，因此勢必引起振動和加工誤差。放電磨削可以不必用很高的轉速，磨削力又小，排屑方便，可以磨任何硬度的金屬。

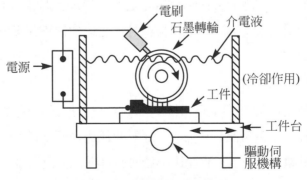

圖 2-10 放電磨削之示意圖

放電磨削可由鑽床、成形機床上附加研磨裝置來實現，電極固定在旋轉頭上作旋轉運動，假如工件也附加一旋轉運動，則所磨得的孔將會更圓。此設備可設計成專用之放電磨床，也可用磨床、銑床、鑽床改裝。

　　除了放電磨削外另外還有放電搪磨之應用，放電搪磨與磨削不同點是只有工件的旋轉運動、電極的往復運動和進給運動，而沒有轉動運動。圖 2-11 為放電搪磨加工示意圖，工件 5 裝夾在三爪夾頭 6 上，由馬達帶動旋轉，電極線 2 由螺栓 3 拉緊，並與孔的旋轉中心線相平行，固定在弓形架 8 上。為保證被加工孔的直線度和表面粗糙度，工件(或電極線)還作往復運動，此運動由工作台 9 作往復運動來實現。加工液則由噴油嘴 1 供給。

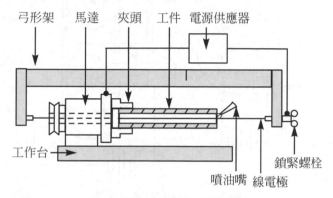

圖 2-11　放電搪磨加工示意圖

　　放電搪磨雖然生產效率較低，但比較容易實現，而且加工精度較高，表面粗糙度參數值低，尤其適宜搪磨深長的小通孔，故生產中應用較多。目前，常用作磨削小孔徑的硬質合金鑽套、粉末冶金壓模及小型鑲有硬質合金的彈簧夾頭。

2-4-1-2　刀刃放電研磨

　　刀刃放電研磨是將工具電極高速旋轉，以放電方式研磨硬質合金刀具的前刀面、後刀面或用成形磨輪進行成形研磨。

■ 2-4-2　放電切割

　　放電切割是用高速轉動或移動的薄片電極(常用薄鋼板或薄鐵皮做成圓板片或帶條狀)對工件進行切割或截斷，現在使用之放電切斷機如圖 2-12 所示，有圓板式、帶式或線式等。

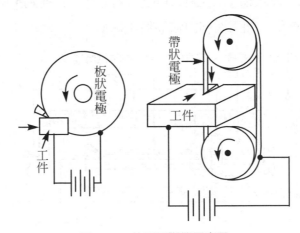

圖 2-12　放電切斷機示意圖

　　放電切斷之應用正逐漸擴展，通常其應用範圍如下：

1. 超硬合金如車刀、銑刀等若最初以其形狀加以成形燒結，則成本高昂，若以放電方式來進行，不僅其價廉且切斷快速。

2. 開縫加工如筒夾夾頭一般係先進行開縫加工再淬火，因此會產生歪斜，開縫內殘留鱗皮等之缺點。若淬火後，再使用放電來進行開縫加工，則無以上之缺失，且可加工非常狹窄之開縫。

3. 變壓器鐵心以傳統加工方式切斷時，其切削應力會導致鋼帶的剝落和材料的粘著，易使層間短路而產生不良後果，以放電切斷之鐵心則沒有上述之缺點。

4. 飛機機翼補強用之蜂房型散熱器可因為放電切斷而幾乎不產生任何應力，另外進行類似薄壁筒之切斷，亦不會有變形，反翹等現象。

放電切割的工作液通常不用煤油(防止飛濺著火)而用自來水加入高嶺陶土等懸浮液。加工用的電源也不必用脈衝電源而用 20V 左右的全波整流電源。

■ 2-4-3　放電對磨

放電對磨是將兩個滾輪分別通以正、負電,使其兩者互相放電磨削。採用此種放電加工方式可使兩輥輪面保有一定的粗糙度,並且維持一定之間隙。對於重型機械的齒輪,也可使用放電對磨,減少齒輪誤差,增加嚙合接觸面積。

■ 2-4-4　共軛回轉式放電加工

共軛回轉式放電加工與放電磨削不同,工具電極與工件必須共轉回轉(等轉速或按一定比例回轉),電極與工件的加工表面有一很小的相對滑移運動。這種放電加工新方法,可用以加工精密內外螺紋,螺紋環規、內齒輪以及根據一個表面形狀加工出另一相對應的共轉表面。圖 2-13 是放電同步回轉加工內螺紋環規的新方法示意圖。工件 1 與電極 2 作同向等轉速旋轉,工件作徑向間歇進給,就可以把電極上的螺紋複製到工件內孔上去,其原理類似於滾動碾壓的方法。

這種加工方法的優點是:

1.　由於電極貫穿工件,且兩軸線始終保持平行,因此加工出來的內螺紋沒有通常用放電攻螺紋所產生的喇叭口。

2.　因為電極外徑小於工件內徑,而且放電加工一直只在局部區域進行,加上電極與工件同步旋轉時對工作液的攪拌作用,有利於粉渣的排除,所以能得到高的幾何精度和較細的表面粗糙度。

3.　可降低對電極設計和製造的要求。對中徑和外徑尺寸精度無嚴格要求。另外,由於電極外徑小於工件內徑,使得在同向同步回轉中,電極與工件電蝕加工區域的線速度不等,存在微量差動,對電極螺紋表面局部的微量缺損有均勻化的作用,故減輕了對加工質量的影響。

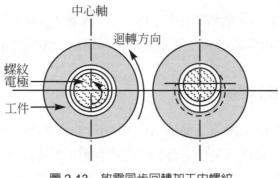

圖 2-13　放電同步回轉加工內螺紋

■ 2-4-5　放電表面硬化

　　放電硬化如圖 2-14 所示，以硬質合金爲正極的工具電極作 50 Hz 或 100 Hz 的振動，時而在空氣中與工件(負極)交替地短路、開路及電離放電，RC 線路中電容上貯存的能量形成放電或瞬時電弧，產生瞬時局部高溫，使正極性之電極材料和負極性之工件材料局部熔化及氣化，互相濺射和鍍覆，電極材料較多地遷移覆蓋到負極之工件材料上去。

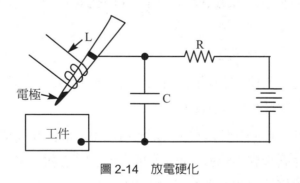

圖 2-14　放電硬化

　　關於硬化過程材料轉移的機理有多種見解，主要認爲：

1.　放電間隙內離子導電而發生材料轉移，正極上的金屬離子被負極吸引向上遷移覆蓋。

2. 在瞬間短路時，熔化了電極和工件材料互相黏結、擴散，形成新的合金組織，由於工件質量及熱容量較電極大，故靠近工件一側的熔化材料冷卻凝固較快，在電極離開的瞬間，除有一部分電極材料濺射、擴散、滲透到工件表面之下外，還有一部分黏結、覆蓋在工件表面。

放電硬化可用於模具、刀具、量具、凸輪、導軌、火車輪帶和汽輪機葉片等的表面，提高其耐用度，延長使用壽命。

本法和以往之淬火法(鹽浴，高周波法)比較，具有下列優點：

(1) 裝置簡單，價廉，不需準備時間。

(2) 表面硬化，被硬化物不需用特殊材料。

(3) 可硬化一部份，特別是狹窄部份等之特殊範圍。

(4) 可滲透任意金屬、元素。

(5) 硬化面之耐蝕、耐磨耗性高。

其缺點爲硬化速度(每分鐘之硬化面積)慢，對大面積之加工不利，又加工層薄，不適用長期磨耗部份。

■ 2-4-6　放電刻字

利用放電硬化的原理可在產品上刻字、打印記。近年來國內外在刀具、量具、軸承等金屬產品上用放電刻字，打印記取得很好的效果，一般有兩種辦法，一種是把產品商標、圖案、規格、型號、出廠年月日等用銅片或鐵片做成文字圖形電極，電極一邊振動，一邊與工件間火花放電，電蝕產物鍍覆在工件表面形成印記，另一種不用現成文字而用鋁線或鎢線電極，按縮放尺或靠模仿形刻字，如果不需字形美觀整齊，可以不用縮放尺而可使用手持的電筆。

■ 2-4-7　放電披覆

放電披覆係以放電方式在工件表面披覆一層相同或不同之金屬，以修補或改進工件之表面，這種加工法係將以往之電弧披覆法改良而得。圖 2-15 爲放

電披覆之基本回路，相當於電極振動放電，電極每一振動產生放電，利用其電弧將金屬電極融化而披覆到工件表面。使用電極之振動進行披覆時，過程安定，生產性高，且裝置簡單，可利用車床和熔接發電機或整流裝置來作，此法可應用於汽車和曳引車之主軸修護。

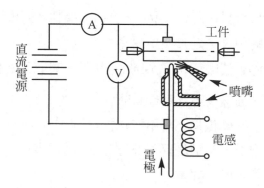

圖 2-15　放電披覆之基本回路

■ 2-4-8　放電塑性加工

放電塑性加工為利用加工液受到電弧放電所產生熱量而汽化膨脹，產生之衝擊壓力以進行塑性加工之方法，通常又稱之放電成形，這種加工方式可以加工噴射機、飛彈、火箭上所使用之耐熱強韌的材料。

其優點為：

1. 利用衝擊力加工，材料之延性變大。

2. 裝置簡單，型小，佔地面積只有以往所使用水壓沖床之數分之一。不需像使用火藥爆炸成形加工之特別工事和屋外設施。

3. 較其他之高速加工法容易安裝且安全，每次之能量均一；反覆次數快，特別適用小型工作物。

4. 只需母模即可，高壓時之材料為鑄鐵，鋅合金，低壓時亦可使用環氧基樹脂，故價格低廉。

其缺點為：

1. 能量較小，不適用大型工作物。

2. 使用高電壓，在安全上必須注意。

■ 2-5　放電複合加工

■ 2-5-1　放電複合加工發展背景

　　材料領域之急速發展，製造出許多特殊性質如耐高溫、高強度及具特殊抗磨耗之材料，而符合了零件設計者的需求，然而雖有這些優點，但亦伴隨了難以用傳統加工法進行加工之困境，此亦為這些高科技材料進行商業利用之主要障礙。目前有許多非傳統加工製程如放電加工、雷射加工、電漿加工、電子束加工及水刀加工等被應用在加工這些材料。

　　目前，放電加工之研發瓶頸主要在於加工速度緩慢無法符合業界之要求，雖然從各項加工參數諸如：放電電流、放電脈衝寬、放電波形及適應控制等方向進行研究及設計，但仍無法對加工速度有大幅度之改善，因此放電複合加工乃成為新的研究主題。

　　最近，在放電複合加工方面，主要朝向電解放電加工及超音波複合加工兩項，前者可應用於非導電材料如玻璃之加工或導電材料之鏡面加工，雖然在這方面得到實質之成效，但其加工速度則仍未改善。後者則是將超音波與放電作用予與複合，而將導電性陶瓷拋光，其加工速度比超音波加工速度快五倍以上，可說是放電複合加工之成功應用例。

■ 2-5-2 放電複合加工的種類

2-5-2-1 電化學放電複合加工

電化學研磨(Electro Chemical Grinding)係結合電化學加工和精細研磨之一種加工方式，後者提供了大約 10%左右之材料移除量電化學放電研磨所應用之設備較電化學研磨小，須使用石墨砂輪以代替磨輪。直流電通過帶負電的砂輪，流經間隙，到帶正電之工件，經由電解液被加壓泵入砂輪與工件之間隙而促成電解反應產生氧化層。研磨粒則是將切削面上不再產生反應之氧化層移除，以提供新的材料表面，使電解反應能夠繼續進行，如圖 2-16 所示。

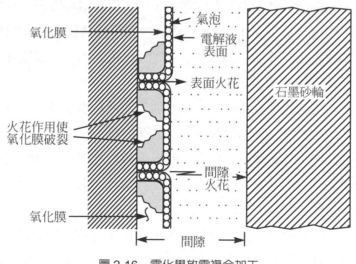

圖 2-16　電化學放電複合加工

電化學放電研磨切除材料之能力，比放電研磨約快上 5 倍，但所使用電流則高出 10~15 倍。電化學放電研磨可應用於研磨碳化物刀具，也用於平面、表面立式研磨及薄而小之外型工件加工。此加工法亦故可應用於加工圓形蜂巢型材料及複雜輪廓之研磨。

2-5-2-2　超音波放電複合加工

　　超音波加工(Ultrasonic Machining)和 EDM 結合，在超硬材料如 WC 和 TiB_2 之加工，可增加加工速度和研磨率。其示意圖如圖 2-17 所示，放電加工機內裝有超音波振動桿及振幅擴大棒(horn)，使電極能夠產生超音波振動，而同時進行放電與超音波之複合加工。

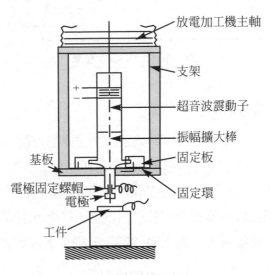

圖 2-17　超音波放電複合加工

2-5-2-3　放電銑削複合加工

　　以 EDM 結合鑽石進行導電性超硬材料銑削加工之研究，在前蘇聯為重要之研究重點。Electrical Discharge Diamond Grinding (簡稱 EDDG)用鑲在金屬輪上之鑽石砂輪，以金屬放電和鑽石顆粒刮削同時作用於工件上，其原理如圖 2-18 所示。

　　磨料加工之要求為磨料必須比工件硬，但研磨超硬材料時，最大之問題為兩者硬度接近而產生困擾，另外，當磨料不易刮入工件時，會產生不規則之正垂應力而影響到研磨，高的正垂應力會產生大量之彈性變形而對加工之精度有所影響，在這種情形下，有必要發展降低工件加工阻力之方法。

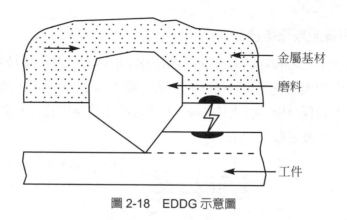

圖 2-18　EDDG 示意圖

2-5-2-4　放電磨削複合加工

　　對於以結合放電及研磨兩種不同之加工方式,進行複合放電加工,其主要構想如圖 2-19 所示,為工件與電極放電後將產生形如碟狀之凹痕,此凹痕的直徑約為深度的 10～20 倍左右,在凹痕的四周有較基準平面凸出的隆起物,此係熔化金屬被擠出於凹痕而殘留於材料表面,然後再凝固者,若能在隆起物尚未凝固前,以耐高溫且不導電之磨料刮除,則可大幅增進加工速度。

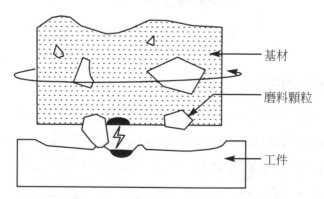

圖 2-19　放電磨削複合加工示意圖

　　基於上述構想之實現,必須製作適合該種複合加工之電極。電極由金屬與顆粒狀磨料結合,金屬呈空間網路狀,形成導電通路,利用端面部份與工件產

生放電,其放電間隙大小則由電壓所形成的電場來控制。顆粒狀磨料則埋沉在金屬內,端面部份之磨料則以事先腐蝕製作或金屬因放電而消耗的方式顯露出來,利用此顯露出來之部位進行工作表面熔融凸出隆起物之刮除,以達到放電銑削加工工件之目的。圖 2-20 所示為模具鋼經過放電磨削複合加工之表面,電極是將銅粉和氧化鋁磨料以粉末冶金方式燒結而得,圖中可以看到有放電痕及研磨痕,其加工速度為一般放電加工速度之數倍以上。

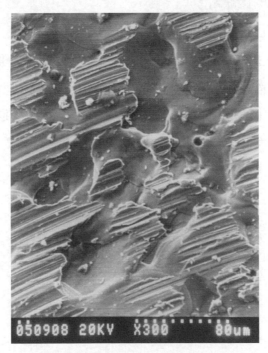

圖 2-20　模具鋼放電磨削複合加工表面

2-5-2-5　放電鋸切複合加工

根據前述放電磨削複合加工之原理,若將電極製作成圓形薄板狀,將其旋轉形如一般之圓盤鋸片,即成為結合放電與鋸切功能之放電鋸切複合加工,這種加工放式可對導電陶瓷等超硬材料進行下料工作。

習 題

1. 試述放電加工之原理。

2. 簡單說明並比較各種放電加工機。

3. 放電加工之控制參數有那些?

4. 說明放電加工的優缺點。

5. 為何放電加工已經如此廣泛使用?

6. 線切割放電加工的加工能力為何?這種方法可用來加工錐度工件嗎?

7. 試述兩金屬電極在(I)真空中火花放電;(2)在空氣中;(3)在純水(蒸餾水或去離子水)中;(4)在煤油中火花放電時,在巨觀和微觀過程以及電蝕產物有何相同及相異之處?

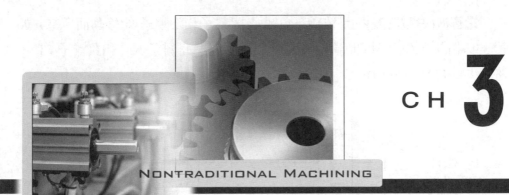

NONTRADITIONAL MACHINING

CH **3**

電化學加工

■ 3-1　電化學加工的基本概念

　　電化學加工(Electrochemical Machining，簡稱 ECM)。又稱電解加工，是一種通過電化學反應去除工件材料或是在其上鍍覆金屬材料等的一種加工方式。其原理早在 1834 年就由法拉第所發現，其後人們又發展出：電鍍、電鑄、電解加工等電化學加工的方法；目前，在機械製造業中，電化學加工已成為一種不可或缺的重要加工方法。

■ 3-1-1　電化學反應

　　將兩金屬片分別作為電極陽極和陰極，接上電源並插入任何導電的溶液中(稱電解液)，即形成通路，金屬片和溶液中就有電流通過。

　　電極(金屬導體)是靠自由電子在電場的作用下，順著某一特定方向而導電。

　　電解液(導電溶液)則是依靠正負離子(陽離子和陰離子)的移動而導電。如圖 3-1 中的 NaCl 溶液即為離子導體，溶液中含有正離子 Na^+ 和負離子 Cl^-。還有少量的 H^+ 和 $(OH)^-$。

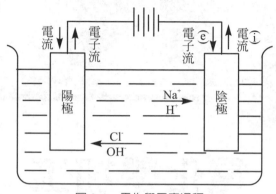

圖 3-1　電化學反應過程

　　當兩類導體構成通路時，在金屬片(電極)和溶液的介面上，會有交換電子的反應。如果所接的是直流電源，則溶液中，正離子移向陰極，在陰極上得到電子而進行還原反應。負離子移向陽極，在陽極表面失去電子而進行氧化反應。溶液中正、負離子的定向移動稱為電荷遷移，在陽、陰電極表面發生得失電子的化學反應稱之為電化學反應，利用這種電化學作用為基礎對金屬進行加工(包括電解和鍍覆)的方法即電化學加工。

■ 3-1-2　電極電位

　　由於金屬都是由外層帶負電荷的自由電子與帶正電荷的金屬陽離子所組成，因此當金屬和溶液接觸時，經常會發生電子得到與失去的的反應過程。這個過程是在電極和電解液之間介面上的一個很微薄的表面層進行，產生反應的這一薄層稱為電雙層。某些活潑的金屬在浸入溶液中時，金屬的離子會與水分子發生作用；一部份金屬離子進入水中以後，金屬的表面會有多餘的電子而使其呈現為負電。例如，鐵與 $FeCl_2$ 水溶液接觸，由於鐵離子在晶體中具有的能

力比其在溶液中成為水化離子的能力高，且較活潑而不穩定，所以晶體介面上的鐵離子就與水分子起了作用成為水化鐵離子進入溶液中，而電子則會留在金屬上，即

$$Fe \rightarrow Fe^{+2} + 2e \qquad (溶解、氧化反應)$$

這樣，金屬上有多餘的電子因而帶負電，溶液中靠近金屬表面由多餘的鐵離子(Fe^{+2})形成很薄的一層溶液因此帶正電。隨著由晶體進入溶液的 Fe^{+2} 數目的增加，金屬上負電荷增加且溶液中的正電荷也增加；由於隨著靜電力的作用，鐵離子的溶解速度逐漸減慢，在此同時，溶液中的Fe^{+2}也會有沉積到金屬表面上去的趨向，即

$$Fe^{+2} + 2e \rightarrow Fe \qquad (沉澱、還原反應)$$

隨著金屬表面負電荷的增多，溶液中 Fe^{+2} 返回金屬表面的速度也逐漸的增加。最後這兩種相反的過程會達到動態平衡。然而對化學性能比較活潑的金屬(如鐵)，其表面帶負電而溶液帶正電，形成了所謂的"電雙層"，如圖 3-2 所示，金屬愈活潑的話，這種形成電雙層的傾向也愈大。

由於電雙層的存在，在正、負電層之間，也就是鐵和 $FeCl_2$ 溶液之間形成了電位差。這種產生在金屬和它的鹽類溶液之間的電位差稱為金屬的電極電位。因為它是金屬在本身鹽類溶液中的溶解和沉積達到互相平衡時的電位差，所以又稱為"平衡電極電位"。

若金屬離子待在金屬上的能力比在溶液中來的低，即金屬離子存在於金屬晶體中比在溶液中更穩定。例如，把銅(Cu)放在 $CuSO_4$ 溶液中，則銅的表面帶正電，而靠近金屬銅表面的溶液薄層則帶負電，此舉也形成了電雙層，如圖 3-3 所示，金屬愈不活潑，則此種傾向也愈大。

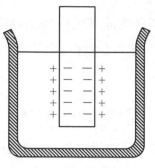

圖 3-2 活潑金屬的電雙層

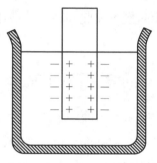

圖 3-3 不活潑金屬的電雙層

　　到目前為止,還沒有可靠的方法來測定單一種金屬和其鹽類溶液之間之電雙層的電位差,但是可用鹽橋的辦法測出兩種不同電極間的電位之差,生產中採用一種電極作為標準與其他的電極做比較而得出相對的值出來,通常採用標準氫電極做為基準。表 3-1 為一些元素的標準電極電位,即在 25℃時把金屬放在此金屬離子有效濃度為 1g(離子) / L 的溶液之中,此金屬的電極電位與標準氫電極的電極電位之差,用 E^0 表示。

表 3-1　一些元素的標準電極電位(25℃)

元素氧化態/還原態	電極反應	電極電位
Li^+/Li	$Li^+ + e^- \leftrightarrow Li$	-3.01
Rb^+/Rb	$Rb^+ + e^- \leftrightarrow Rb$	-2.98
K^+/K	$K^+ + e^- \leftrightarrow K$	-2.925
Ba^{+2}/Ba	$Ba^{+2} + 2e^- \leftrightarrow Ba$	-2.92
Ca^{+2}/Ca	$Ca^{+2} + 2e^- \leftrightarrow Ca$	-2.84
Na^+/Na	$Na^+ + e^- \leftrightarrow Na$	-2.713
Mg^{+2}/Mg	$Mg^{+2} + 2e^- \leftrightarrow Mg$	-2.38
Ti^{+2}/Ti	$Ti^{+2} + 2e^- \leftrightarrow Ti$	-1.75
Al^{+3}/Al	$Al^{+3} + 3e^- \leftrightarrow Al$	-1.66
V^{+3}/V	$V^{+3} + 3e^- \leftrightarrow V$	-1.5
Mn^{+2}/Mn	$Mn^{+2} + 2e^- \leftrightarrow Mn$	-1.05
Zn^{+2}/Zn	$Zn^{+2} + 2e^- \leftrightarrow Zn$	-0.763
Cr^{+3}/Cr	$Cr^{+3} + 3e^- \leftrightarrow Cr$	-0.71
Fe^{+2}/Fe	$Fe^{+2} + 2e^- \leftrightarrow Fe$	-0.44
Cd^{+2}/Cd	$Cd^{+2} + 2e^- \leftrightarrow Cd$	-0.402
Co^{+2}/Co	$Co^{+2} + 2e^- \leftrightarrow Co$	-0.27
Ni^{+2}/Ni	$Ni^{+2} + 2e^- \leftrightarrow Ni$	-0.23
Mo^{+3}/Mo	$Mo^{+3} + 3e^- \leftrightarrow Mo$	-0.20
Sn^{+2}/Sn	$Sn^{+2} + 2e^- \leftrightarrow Sn$	-0.140
Pb^{+2}/Pb	$Pb^{+2} + 2e^- \leftrightarrow Pb$	-0.126
Fe^{+3}/Fe	$Fe^{+3} + 3e^- \leftrightarrow Fe$	-0.036
H^+/H	$2H^+ + 2e^- \leftrightarrow H_2$	0
S/S^{-2}	$S + 2H^+ + 2e^- \leftrightarrow H_2S$	$+0.141$
Cu^{+2}/Cu	$Cu^{+2} + 2e^- \leftrightarrow Cu$	$+0.34$
O_2/OH^-	$H_2O + 1/2O_2 + 2e^- \leftrightarrow 2OH^-$	$+0.401$
Cu^+/Cu	$Cu^+ + e^- \leftrightarrow Cu$	$+0.522$
I_2/I^-	$I_2 + 2e^- \leftrightarrow 2I^-$	$+0.535$
Fe^{+3}/Fe^{+2}	$Fe^{+3} + e^- \leftrightarrow Fe^{+2}$	$+0.771$
Hg^{+2}/Hg	$Hg^{+2} + 2e^- \leftrightarrow Hg$	$+0.7961$
Ag^+/Ag	$Ag^+ + e^- \leftrightarrow Ag$	$+0.7996$
Br_2/Br^-	$Br_2 + 2e^- \leftrightarrow 2Br^-$	$+1.068$

表 3-1 一些元素的標準電極電位(25℃) (續)

元素氧化態/還原態	電極反應	電極電位
Mn^{+4}/Mn^{+2}	$MnO_2+4H^++2e^-\leftrightarrow Mn^{+2}+2H_2O$	$+1.208$
Cr^{+6}/Cr^-	$Cr_2O_7^{-2}+14H^++6e^-\leftrightarrow 2Cr^{+3}+7H_2O$	$+1.33$
Cl_2/Cl^-	$Cl_2+2e^-\leftrightarrow 2Cl^-$	$+1.3583$
Mn^{+7}/Mn^{+2}	$MnO_4^-+8H^++5e^-\leftrightarrow Mn^{+2}+4H_2O$	$+1.491$
S^{+7}/S^{+6}	$S_2O_8^{-2}+2e^-\leftrightarrow 2SO_4^{-2}$	$+2.01$
F_2/F^{-2}	$F_2+2e^-\leftrightarrow 2F^-$	$+2.87$

表 3-1 反映出物質得到電子與失去電子的能力，此即為氧化還原的能力。若根據標準的電極電位可以判別哪些金屬較容易發生陽極溶解，哪些物質較容易析出。

當離子濃度改變時，電極電位也隨著改變，可用"能斯特公式"換算，下式是在 25℃時的簡化式

$$E' = E^0 \pm \frac{0.059}{n} \lg a \tag{3-1}$$

式中 E：平衡電極電位(V)

E：標準電極電位(V)

n：電極反應得失電子數，即離子價數

a：離子的有效濃度

式中"＋"號用於計算金屬，"-"號用於計算非金屬的電極電位。

電雙層不僅在金屬本身離子溶液中產生，當金屬浸入其他任何電解液中也會產生電雙層和電位差。用任何兩種金屬，例如 Fe 和 Cu 插入某一電解液(如 NaCl)中時，該兩金屬表面分別與電解液形成電雙層，兩金屬之間存在一定的電位差，其中較活潑的金屬 Fe 的電位較低於不活潑的金屬 Cu。若兩金屬電極間沒有導線接通，兩電極上的電雙層均處於可逆的平衡狀態。當兩金屬電極間有導線接通時，即有電流流過，這時導線上的電子由鐵一端向銅流去，使鐵原子成為鐵離子而繼續溶入電解液，鐵的那一端稱為陽極。但這種溶解過程是很

慢的。

　　根據這個原理，電化學加工時，就是利用外加電場，促進上述電子移動過程的加劇，同時也促使鐵離子溶解速度的加快，如圖 3-1 所示，在未接通電源前，電解液內的陰、陽離子基本上是均勻分佈的。通電以後，在外加電場的作用下，電解液中帶正電荷的陽離子向陰極方向移動，帶負電荷的陰離子向陽極方向移動，外電源不斷從陽極上抽走電子，加速了陽極金屬的正離子迅速溶入電解液而被腐蝕蝕除；外電源同時向陰極迅速供應電子，加速陰極反應。圖中 e 為電子流動的方向，i 為電流的方向。

■ 3-2　電化學加工的分類及特點

■ 3-2-1　電化學加工的分類

電化學加工按其作用原理可分為下列三大類。

1. 利用電化學陽極溶解來進行加工。此種方式主要有電解加工、電解拋光等。其方法係將工件接於陽極，陽極在電場作用下失去電子變為金屬離子，金屬離子又與電解液中氫氧根化合沈澱，逐漸將工件一層層蝕去。即：
$$M - e^- \rightarrow M^+$$
$$M^+ + OH^- \rightarrow M(OH)\downarrow$$

2. 利用電化學陰極沉積、塗覆進行加工，此種方式主要有電鍍、電鑄等。其方法係將工件接於陰極，電解液中的金屬離子(正離子)被吸引到陰極(工件)表面而獲得電子，金屬離子沉積於工件。即：
$$M^+ + e \rightarrow M$$
陽極失去電子變成金屬離子進入電解液以補充電解液中的金屬離子的消耗。

3. 利用電化學加工與其他加工方法相結合的電化學複合加工。目前主要有電化學加工與機械加工相結合的如電解磨削，電化學陽極機械加工(還包含有放電作用)。其分類情況如表 3-2 所示。

表 3-2　電化學加工的分類表

類別	加工方法(及原理)	加工類型
I	電解加工(陽極溶解) 電解拋光(陽極溶解)	用於形狀、尺寸加工 用於表面加工，去毛邊
II	電鍍(陰極沉積) 局部塗鍍(陰極沉積) 複合電鍍(陰極沉積) 電鑄(陰極沉積)	用於表面加工，裝飾 用於表面加工，尺寸修復 用於表面加工，磨具製造 用於製造複雜形狀的電極
III	電解研磨(陽極溶解、機械刮除) 電解放電複合加工(陽極溶解，放電蝕除) 電化學陽極機械加工(陽極溶解、機械刮除)	用於形狀、尺寸加工，超精、光整加工，鏡面加工 用於形狀、尺寸加工 用於形狀、尺寸加工，高速切斷、下料

■ 3-2-2　電化學加工的特點

電化學加工具有如下之特點：

1. 加工材料範圍廣：可對任何金屬導電材料進行形狀、尺寸和表面的加工，且不受材料強度、韌性及硬度的限制。

2. 加工表面質量好：由於加工中無機械切削力和切削熱的作用，故加工後表面無淬火層、殘餘應力，加工後也無毛邊或稜角。

3. 生產效率高：加工可以在大面積上同時進行。

4. 對環境造成污染：電化學作用反映後的產物(廢氣或廢液)對環境會造成污染、對設備也會產生腐蝕作用。

■ 3-3　電解加工

電解加工(Electrolytic Machining)是利用金屬在電解液中產生陽極溶解的原理去除工件材料的特種加工。

■ 3-3-1　電解加工原理

電解加工是利用電解拋光的原理，經過改進後所發展而得。電解拋光時，工件和工具之間的距離較大，電解液靜止不動，故通過的電流密度很小(一般約爲 $0.01\sim5A/cm^2$)金屬切除率很低，所以只能對工件表面進行拋光，不能改變零件的原有尺寸形狀。電解加工則不同，圖 3-4 爲電解加工過程的示意圖；加工時，工件接直流電源的正極，工具接電源的負極。工具向工件緩慢進給，使兩極之間保持較小的間隙(0.1～1mm)，具有一定壓力(0.5～2MPA)的電解液從間隙中流過，工件表面就不斷產生陽極溶解，這時陽極工件的金屬被逐漸電解腐蝕，電解產物則被高速(5～50m/s)的電解液給帶走，使陽極溶解能夠不斷地進行。

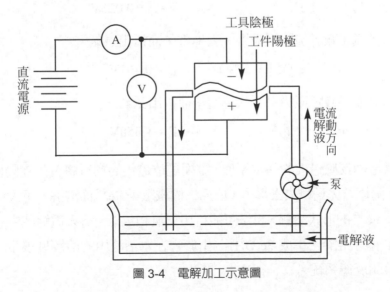

圖 3-4　電解加工示意圖

■ 3-3-2　電解加工的極性反應

　　電解加工時電極間的反應相當複雜，這主要是一般工件材料不是純金屬，而是多種金屬元素的合金，其金相組織也不完全一致。所用的電解液往往也不是該金屬鹽類溶液，而且還可能含有多種成分。電解液的濃度、溫度、壓力及流速等對電極過程也有影響，現在以 NaCl 水溶液中電解加工鐵基合金爲例分析電解加工的電極反應。

　　電解加工鋼料時，常用的電解液是濃度爲 14%～18%的 NaCl 水溶液，由於 NaCl 和水(H_2O)的解離，在電解液中存在 H^+、OH^-、Na^+、Cl^- 四種離子，現分別討論其陽極反應及陰極反應。

　　陰極反應就可能性而言，分別列出其反應式並按能斯特公式(式 3-1)計算出電極電位 E，作爲分析時參考。

1. 陽極表面每個鐵原子在直流電源作用下放出(損失)兩個或三個電子，成爲正的二價或三價鐵離子而溶解進入電解液中。

$$Fe - 2e^- \rightarrow Fe^{+2} \qquad\qquad E = -0.44V$$
$$Fe - 3e^- \rightarrow Fe^{+3} \qquad\qquad E = -0.026V$$

2. 負的氫氧根離子被陽極吸引，丟掉電子而析出氧氣。

$$4OH^- - 4e^- \rightarrow O_2\uparrow + 2H_2O \qquad E = 0.401V$$

3. 負的氯離子被陽極吸引，丟掉電子而析出氯氣。

$$2Cl^- - 2e^- \rightarrow Cl_2\uparrow \qquad\qquad E = 1.358V$$

　　根據電極反應過程的基本原理，電極電位最負的物質將首先在陽極反應。因此，在陽極首先是鐵失去電子，成爲二價鐵離子 Fe^{+2} 而溶解，不大可能以三價鐵離子 Fe^{+3} 的形式溶解，更不可能析出氧氣和氯氣。溶入電解液中的 Fe^{+2}，又與 OH^- 離子化合，生成 $Fe(OH)_2$，由於它在水溶液中的溶解度很小，故生成沉澱而離開反應系統。

$$Fe^{+2} + 2OH^- \rightarrow Fe(OH)_2 \downarrow$$

$Fe(OH)_2$，沉澱為墨綠色的絮狀物，隨著電解液的流動而被帶走。$Fe(OH)_2$ 又逐漸為電解液中及空氣中的氧氧化為 $Fe(OH)_3$

$$4Fe(OH)_2 + 2H_2O + O_2 \rightarrow 4Fe(OH)_3 \downarrow$$

$Fe(OH)_3$ 為黃褐色沉澱(鐵銹)。

陰極反應按可能性為：

1. 正的氫離子被吸引到陰極表面從電源得到電子而析出氫氣

   $$2H^+ + 2e^- \rightarrow H_2 \uparrow \qquad\qquad E = 0V$$

2. 正的鈉離子被吸引到陰極表面，得到電子而析出 Na

   $$Na^+ + e^- \rightarrow Na \downarrow \qquad\qquad E = -1.713V$$

按照電極反應的基本原理，電極電位最正的粒子將首先在陰極反應。因此，在陰極上只能析出氫氣，而不可能沉澱出鈉。

由此可見，電解加工過程中，在理想情況下，陽極鐵不斷以 Fe^{+2} 的形式被溶解，水被分解消耗，因而電解液的濃度稍有變化。電解液中的氯離子和鈉離子起導電作用，本身並不消耗，所以 NaCl 電解液的使用壽命長，只要過濾乾淨，適當添加水分，即可長期使用。

鋼中往往含有多種元素，就碳鋼而言，存在著 Fe_3C 相，它在中性電解液中的平衡電位接近於石墨的平衡電位而很難電解。所以當高碳鋼等鋼件中 Fe_3C 的成分較多時，可能有少量的氯氣或氧氣析出，而且表面粗糙度也將變壞。

總之，電解加工過程中，陽極鐵不斷從 Fe^{+2} 的形式被溶解，而從陰極則不斷析出氫，氫是由水供給的，所以水是不斷被消耗。電解液中的 NaCl 只是起導電作用，在電解過程中並不會消耗。

■ 3-3-3　電解加工的電壓

電解加工時，直流電源電壓 E 使陽極不斷溶解，如圖 3-5 所示。

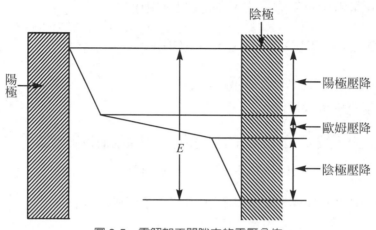

圖 3-5　電解加工間隙內的電壓分佈

　　要在兩極間形成一定的加工電流使陽極達到較高的溶解速度時，加工電壓 E 要大於或等於兩部分電勢之和，一部分是電解液電阻形成的歐姆壓降($E_R = IR$)，另一部分是進行陽極反應和陰極反應所必須的電壓降(E_a，E_0)。當加工電壓 E 等於或小於兩極的電極反應所需的電壓降 E_a，E_0 時，陽極溶解速度為零。電解加工時的濃差極化一般不大，所以 E_a，E_0 主要取決於電化學極化和鈍化。這兩種現象形成的超電位差與電解液、被加工材料和電流密度有關，當使用氯化鈉電解液加工以下幾種材料時，電極內的電位差為：

鐵基合金	0～1V
鎳基合金	1～3V
鈦合金	4～6V

　　若使用鈍化性能強的電解液，如硝酸鈉和氯酸鈉時，電極反應所需的電壓將要更高一些。所以，即使是用氯化鈉電解液和採用較高的加工電壓(例如 20V)，其中的 5%～30%是用來抵消極化產生的反電勢，剩下 70%～95%的電

壓用以克服間隙電阻產生加工電流。但是，通過間隙的電流能否全部用於陽極溶解，還取決於陽極極化的程度。如果極化程度不大，陽極電極電位比溶液中所有陰離子的電極電位低得多，則金屬的溶解是唯一的陽極反應，電流大部用於金屬溶解，電流效率接近 100%。若陽極極化比較嚴重，以致電極電位與溶液中的某些陰離子相差不多時，電流除了用於陽極溶解外，還會消耗在一些副反應中，電流效率將低於 100%。若陽極極化十分嚴重，陽極的電極電位高於溶液中的某些陰離子時，陽極就不會溶解，陽極反應主要是電極電位最低的某種陰離子的氧化反應，這時的電流效率為零。一般來說，當用氯化鈉電解液加工鐵基合金時，電流效率 $\eta = 95\% \sim 100\%$。加工鎳基合金和鈦合金的電流效率 $\eta = 70\% \sim 85\%$。

■ 3-3-4　電解加工特點

電解加工與其他加工方法相比較，具有下列優點：

1. 可以加工硬質合金、淬火鋼、不銹鋼、耐熱合金等高硬度、高強度及韌性金屬材料不受金屬材料本身硬度和強度的限制，並可加工葉片、鍛模等各種複雜型面。
2. 電解加工的加工速度較高，約為放電加工的 5～10 倍，在某些情況下，比切削加工的加工速度還要高，且加工速度不直接受加工精度和表面粗糙度的限制。
3. 可以獲得較佳的表面粗糙度(Ra 1.25～0.2um)和±0.1mm 左右的平均加工精度。
4. 加工過程中沒有機械切削力，不會產生切削力所引起的殘餘應力和變形，沒有毛邊。
5. 加工過程中陰極工具消耗柱少，可以長期使用。

電解加工的主要缺點為：

1. 加工穩定性較低。影響電解加工間隙穩定性的參數很多，控制比較困難。

2. 電解加工所需使用的附屬設備比較多，佔地大，機台需有足夠的剛性和防腐蝕性能，造價較高。

3. 電解產物容易污染環境。

■ 3-3-5　電解液

在電解加工過程中，電解液的主要功用是：

1. 作為導電介質傳遞電流。

2. 在電場作用下進行電化學反應，使陽極溶解能順利地在控制下進行。

3. 將加工間隙內產生的電解產物及熱量帶走。

　(1)　電解液的基本要求

　　① 電解質在溶液中需要有較高的溶解度和解離度，以得到高的電導率。例如 NaCl 水溶液中 NaCl 幾乎能完全解離為 Na^+、Cl^- 離子，並與水的 H^+、OH^- 離子能共存。另外，電解液中所含的陰離子應具有較正的標準電位，如 Cl^-、ClO_3^- 等，以免在陽極上產生析氧等副反應，降低了電流效率。

　　② 電解液中的金屬陽離子不能在陰極上產生放電反應而沉積到陰極工具上，以免改變工具形狀尺寸。因此，在選用的電解液中所含金屬陽離子必須具有較負的標準電極電位($E^0 < -2V$)，如 Na^+、K^+ 等。

　　③ 陽極反應的最終產物應是不溶性的化合物 以便於處理，且不會使陽極溶解下來的金屬陽離子在陰極上沉積。在電解加工過程中，還有可能出現金屬陽離子與電解液陰離子形成化合物(如 $FeCl_2$)，這種化合物必須具有高的溶解度與大的解離度。只有在

　　某些特殊情況下如加工小孔，爲避免不溶性沉澱物堵塞間隙，才
　　要求陽極反應的產物是可溶性的。

　除上述基本要求外，還希望達到性能穩定，操作安全，對設備的腐蝕
性小以及價格便宜等。

(2)　電解液的分類

　電解液可分爲中性鹽溶液，酸性溶液與鹼性溶液三大類。中性鹽溶液的
腐蝕性小，使用時較安全，故應用最普遍。最常用的有 NaCl、NaNO₃、
NaClO₃，三種電解液，現分別介紹如下：

①　NaC1 電解液

　氯化鈉電解液中含有活性 Cl^- 離子，陽極工件表面不易生成鈍化
膜，所以具有較大的腐蝕去除速度，而且很少或是沒有析氧等這
些副反應，電流效率高，表面粗糙度也小。NaCl 是強電解質，
在水溶液中幾乎完全解離，導電能力強，而且適用範圍廣，價格
便宜，所以是應用最廣泛的一種電解液。

　NaCl 電解液的蝕除速度高，但其側向腐蝕也嚴重，故複製精度較
差。常用的電解液溫度爲 25～36℃，但加工鈦合金時，必須在 40
℃以上。

②　NaNO₃ 電解液

　NaNO₃ 電解液是一種鈍化型電解液，其陽極極化曲線如圖 3-6 所
示。在曲線 AB 段，陽極電位元升高，電流密度也增大，符合正
常的陽極溶解規律。當陽極電位超過 B 點後，由於鈍化膜的形
成，使電流密度 i 急劇減少，至 C 點時金屬表面進入鈍化狀態。
當電位超過 D 點，鈍化膜開始破壞，電流密度又隨電位元的升
高而迅速增大，金屬表面進入超鈍化狀態。陽極溶解速度又急劇
增加。如果在電解加工時，工件的加工區處在超鈍化狀態，而非
加工區由於其陽極電位較低而處於鈍化狀態而受到鈍化膜的保
護，就可以減少側向腐蝕，提高加工精度。圖 3-7 即爲其成型精
度的對比情況。圖 3-7(a)爲用 NaCl 電解液的加工結果，由於陰

極側面不絕緣，側壁被側向腐蝕成拋物線形狀，內芯也被腐蝕，剩下一個小錐體。圖 3-7(b)爲用 $NaNO_3$，或 $NaClO_3$ 電解液加工的情況，雖然陰極表面設有絕緣，但當加工間隙達到一定程度後不再擴大，所以孔壁錐度很小而內芯也不被腐蝕。

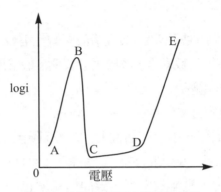

圖 3-6　鋼在電解液中的極化曲線

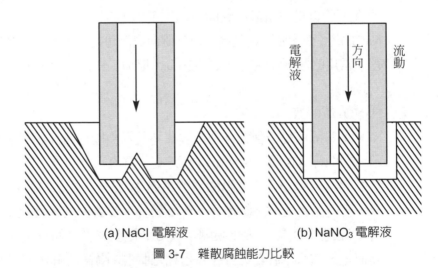

(a) NaCl 電解液　　　　　　(b) $NaNO_3$ 電解液

圖 3-7　雜散腐蝕能力比較

③　$NaClO_3$ 電解液

　　$NaClO_3$ 電解液也具有圖 3-7(b)的特點，側向腐蝕能力小，加工精度高。$NaClO_3$ 的另一特點是具有很高的溶解度，在 20℃時達

49%，(此時 NaCl 為 26.5%)，因而其導電能力強，可達到與 NaCl
相近的生產率。另外，它對機床、管道、水泵等的腐蝕作用很小。
$NaClO_3$，的缺點是價格較貴(為 NaCl 的 5 倍)，而且是一種強氧
化劑，使用時要注意安全防火。

由於在使用過程中，此 $NaClO_3$ 電解液中的 Cl^- 離子不斷增加，
電解液有消耗，且 Cl^- 離子增加後側向腐蝕作用增加，故在加工
過程中要注意 Cl^- 離子濃度的變化。

④　電解液的添加劑

常用的電解液都有其缺點，因此，在電解液中使用添加劑是改善
其性能的重要方法。例如，為了減少 NaCl 電解液的散蝕能力，
可加入少量磷酸鹽等，使陽極表面產生鈍化性抑制膜，以提高成
型精度。$NaNO_3$ 電解液雖有成型精度高的優點，但其生產率低，
可添加少量 NaCl，使其加工精度及生產率均較高。為改善加工
表面品質，可添加絡合劑、光亮劑等。如添加少許且 NaF，可改
善粗糙度。為減輕電解液的腐蝕性，有緩蝕添加劑等。

(3)　電解液參數對加工過程的影響

電解液的參數除成分外，還有濃度、溫度、酸度值(pH 值)及粘性等，
它們對加工過程都有顯著影響。在一定範圍內，電解的濃度越大、溫
度愈高，則其電導率也愈高，腐蝕能力強。表 3-3 為不同濃度、溫度
時三種常用電解液的電導率。

表 3-3　常用電解液的電導率$[1/(\Omega \cdot cm)]$

導電率濃度	NaCl				NaNO₃				NaClO₃			
	30°	40°	50°	60°	30°	40°	50°	60°	30°	40°	50°	60°
5%	0.083	0.099	0.115	0.132	0.054	0.064	0.074	0.085	0.042	0.050	0.058	0.066
10%	0.151	0.178	0.207	0.237	0.095	0.115	0.134	0.152	0.076	0.092	0.106	0.122
15%	0.207	0.245	0.285	0.328	0.130	0.152	0.176	0.203	0.108	0.128	0.151	0.174
20%	0.247	0.295	0.343	0.393	0.162	0.192	0.222	0.252	0.133	0.158	0.184	0.212

電解液溫度受到機台夾具、絕緣材料以及電極間隙內電解液沸騰等的限制，因此不宜超過 60℃，一般在 30～40℃的範圍內較為較佳。電解液濃度愈大，生產率高，但雜散腐蝕嚴重，一般 NaCl 電解液濃度常為 10%～15%，不超過 20%，當加工精度要求較高時，常採用 10% 以下的低濃度。$NaNO_3$、$NaClO_3$ 在常溫下的溶解度較大，分別為 46.7% 及 49%，故可採用較高濃度，但 $NaNO_3$ 電解液的濃度超過 30%後，其非線性性能就很差，故常用 20%左右的濃度，而 $NaClO_3$ 常用 15% ～35%。表 3-4 為常見金屬材料所用電解液配方及使用條件。

表 3-4　電解液配方及使用條件

加工材料	電解液配方	電壓(V)	電流密度(A/cm^2)
各種碳鋼、合金鋼、耐熱鋼、不銹鋼	(1) 10%～15%NaCl	5～15	10～200
	(2) 10%NaCl+25%NaNO$_3$ (3) 10%NaCl+30%NaNO$_3$	10～15	10～150
硬質合金	15%NaCl+15%NaOH+20%酒石酸	15～25	50～100
銅、黃銅、銅合金、鋁合金等	18%NH$_4$Cl 或 12%NaNO$_3$	15～25	10～100

電解液濃度和溫度的變化將直接影響到加工精度，而引起濃度變化的主要原因是水的分解、蒸發及電解質的分解。水的分解與蒸發對濃度的影響較小，所以 NaCl 電解液在加工過程中濃度的變化較小(因 NaCl 不消耗)。$NaNO_3$ 和 $NaClO_3$ 在加工過程中是會分解消耗的，因此在加工過程中應注意檢查和控制其濃度變化。

電解加工過程中，水被電離並使氫離子在陰極放電，溶液中的 OH^- 離子增加而引起 pH 值增大(鹼化)，溶液的變化使許多金屬元素的溶解條件變壞，故應注意控制電解液的 pH 值。

電解液粘度會影響到間隙中的電解液流動特性。溫度升高，電解液的粘度下降。加工過程中溶液內金屬氫氧化物含量的增加，會影響到粘度的增加，故氫氧化物的含量應加以適當控制。

(4)　電解液的流速及流向

加工過程中電解液必須具有足夠的流速，以便把氫氣、金屬氫氧化物等電解產物攜離，並把加工區的大量熱量帶走。電解液的流速一般約在 10m/s 左右，電流密度增大時，流速要相應增加。流速的改變是靠調節電解液泵的出水壓力來實現的。

電解液的流向一般有如圖 3-8 所示三種情況。圖 3-8(a)為中央噴流法，圖 3-8(b)為中央吸流法，圖 3-8(c)為側流法。中央噴流法是指電解液從陰極工具中心流入，經加工間隙後，從四周流出。它的優點是密封裝置較簡單，缺點是加工型孔時，電解液流經側面間隙時已含有大量氫氣及氫氧化物，加工精度和粗糙度較差。

中央吸流法是指新鮮電解液先從型孔周邊流入，而後經電極工具中心流出，所示，它的優缺點與中央噴流法恰相反。

側流法是指電解液從側面流入，從另一側面流出。一般用於發動機、汽輪機葉片的加工，以及一些較淺的型腔模的修復加工。

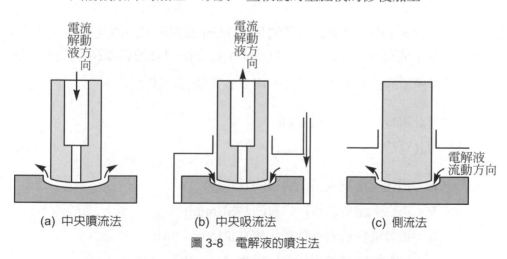

(a) 中央噴流法　　　(b) 中央吸流法　　　(c) 側流法

圖 3-8　電解液的噴注法

■ 3-3-6　電解加工之加工參數

加工速度、加工間隙、加工表面精度是電解加工之主要加工參數，其說明如下。

一、加工速度

1. 加工速度的種類—加工速度即陽極溶解速度，其表示方法有 3 種。
   (1) 體積加工速度，即單位元時間內去除工件材料的體積，單位：mm^3/min。
   (2) 質量加工速度，即單位元時間內去除工件材料的質量，單位：g/min。
   (3) 長度加工速度，即單位元時間內去除工件材料進給方向的長度量，單位：mm/min。

2. 工件材質的影響—不同工件材質，其電化學當量不同，在電解液中形成的陽極薄膜及電極電位元不同，加工速度也不同。

電解時電極上溶解或析出物質的量(質量 m 或體積 V)，與電解電流大小 I 和電解時間 t 成正比，亦即與電量(Q = It)成正比，其比例係數稱為電化學當量，這就是所謂的法拉第電解定律，用公式符號表示如下：

用質量計算時　　　　　　$m = KIt$

用體積計算時　　　　　　$V = \omega IT$ 　　　　　　　　　　　　　　　(3-2)

式中 m：電極上溶解或析出物質的質量(g)

　　　V：電極上溶解或析出物質的體積(mm^3)

　　　K：被電解物質的質量電化學當量[g/(A・h)]

　　　ω：被電解物質的體積電化學當量[mm^3/(A・h)]

　　　I：電解電流(A)；

　　　t：電解時間(h)。

由於質量和體積換算時差一密度 ρ，同樣質量電化學當量 K 換算成體積電化學當量 ω 也差一密度 ρ 即

$$m = V\rho$$
$$k = \omega\rho \qquad\qquad (3\text{-}3)$$

當鐵以 Fe^{+2} 狀態溶解時，其電化學當量為：$K = 1.042g /(A \cdot h)$ 或 $\omega = 133mm^3/(A \cdot h)$，亦即每安培電流每小時可電解掉 $1.042g$ 或 $133mm^3$ 的鐵(鐵的密度 $\rho = 7.8 \, g/mm^3$)，各種金屬的電化學當量可查表或由實驗求得。

法拉第電解定律可用來根據電量(電流乘時間)計算任何被電解金屬或非金屬的數量，並在理論上不受電解液濃度、溫度、壓力、電極材料及形狀等因素的影響。因為電極上物質之所以產生溶解或析出等電化學反應，就是因為電極和電解液間有電子得失交換，例如要使陽極上的一個鐵原子成為二價鐵離子溶入電解液，必須從陽極取走二個電子，如為三價鐵離子溶入，則必須取走三個電子，因此電化學反應的量必然和電子得失交換的數量(即電量)成正比，而和其他條件如溫度、壓力、濃度等在理論上沒有直接關係。

不過實際電解加工時，某些情況下在陽極上可能還出現其他反應，如氧氣或氯氣的析出，或有部分以高價離子溶解，從而額外地多消耗一些電量，所以被電解掉的金屬量有時含小於所計算的理論值。為此，實際應用時常引入一個電流效率 η

$$\eta = \frac{\text{實際金屬蝕除量}}{\text{理論計算蝕除量}} \times 100\%$$

則式(3-2)中的理論蝕除量成為如下實際蝕除量

$$m = \eta KIt \qquad\qquad (3\text{-}4)$$
$$V = \eta \omega IT \qquad\qquad (3\text{-}5)$$

在正常電解時，對 NaCl 電解液，陽極上析出氣體的可能性不大，所以一般電流效率常接近 100%。但有時電流效率卻會大於 100%，這是由於被電解的金屬材料中含有碳、碳化鐵等難電解的微粒或產生了延晶腐蝕，在合金晶粒邊緣先電解，高速流動的電解液把這些微粒成塊衝刷脫落下來，節省了一部分電解電流。

有時某些金屬在某電解液(如硝酸鈉等)中的電流效率很小，可能一方面金屬成爲高價離子溶入電解液多消耗電子，另方面也可能在金屬表面產生一層鈍化膜或其他反應。表 3-5 列出了一些常見金屬的電化學當量。

表 3-5　一些常見金屬的電化學當量

金屬名稱	密度(g/cm^3)	電化學當量		
		K[g/(A・h)]	ω[mm^3/(A・h)]	ω[mm^3/(A・min)]
鐵	7.86	1.024(二價)	133	2.22
		0.696(三價)	89	1.48
鎳	8.80	1.095	124	2.07
銅	8.93	1.188(二價)	133	2.22
鈷	8.73	1.099	126	2.10
鉻	6.9	0.648(三價)	94	1.56
		0.324(六價)	47	0.78
鋁	2.69	0.335	124	2.07

知道了金屬或合金的電化學當量，利用法拉第電解定律可以根據電流及時間來計算金屬蝕除量，或反過來根據加工留量來計算所需電流及加工工時。通常鐵和鐵基合金在氯化鈉電解液中的電流效率可按 100%計算。

二、加工間隙

　　電解加工的加工間隙可分為端面間隙、側面間隙及法向間隙三種，端面間隙指沿著陰柱工具進給方向所測得的工具和工件間之距離。側面間隙指垂直陰柱工具進給方向所測得的距離，法向間隙指沿著陰柱工具各點法線方向所測得的距離。如圖 3-9 所示。

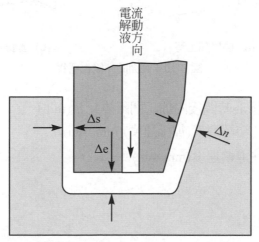

Δe 端面間隙，Δs 側向間隙，Δn 法向間隙

圖 3-9　電解加工的三種工間隙

1.　端面間隙之計算

　　如圖 3-10 所示，當開始電解加工時，外加電壓為 E，工具以穩定速度 Vc 進給，工具與工件間的初始間隙為 Δ_0，假設經過時間 dt 後，工具與工件間隙為 $d\Delta$，於是

$$d\Delta = v_a dt - v_c dt$$
$$= (v_a - v_c)dt \tag{3-6}$$

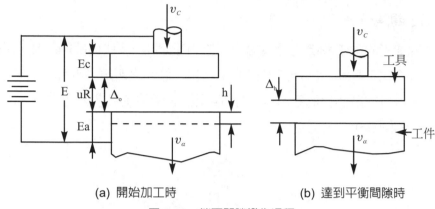

(a) 開始加工時　　　　　(b) 達到平衡間隙時

圖 3-10　端面間隙變化過程

其中 $d\Delta$：經過 dt 時間後的加工間隙變化量(mm)

　　　v_a：陽柱溶解速度(加工速度)(mm/min)

　　　v_c：陰柱進給速度(mm/min)

由式 3-5 可得

$V = \eta\omega It = \omega\eta iAt$

由圖 3-10 可得

$V = Ah = Av_a t$

其中 i：電流密度(A/mm^2)

　　　A：電柱面積(mm^2)

　　　h：時間 t 時除去金屬層的厚度(mm)

於是

$\eta\omega iAt = Av_a t$

$v_a = \eta\omega i$ 　　　　　　　　　　　　　　　　　　　　　(3-7)

因此　$I = E_R / R = E_R / \rho\Delta / A = E_R A\sigma / \Delta$

式中 ρ：電解液的電阻係數($\Omega \cdot$ mm)

σ：電解液的導電係數(s/mm)，$\rho = 1/\sigma$

E_R：電解液的電壓降(V)

Δ：加工間隙(mm)

故 $i = I/A = E_R \sigma /\Delta$

將上式代入 3-7 式，可得

$v_a = \eta\ \omega\ \sigma\ E_R/\Delta$

$\Delta = \eta\ \omega\ \sigma\ E_R/v_a$　　　　　　　　　　　　　　　　　　　(3-8)

當達到平衡時；$\Delta=\Delta_b$，$v_a = v_c$

於是

$$\Delta_b = \eta\omega\sigma\frac{U_R}{\upsilon_c}$$　　　　　　　　　　　　　　　　(3-9)

可見當陰極進給速度 v_c 較大時，達到平衡時的間隙Δ_b 較小，在一定範圍內它們成雙曲線反比關係，能互相平衡補償。當然進給速度 v_c 不能無限增加，因為當 v_c 過大時，端面平衡間隙Δ_b 過小，將引起局部堵塞，造成火花放電或短路。端面平衡間隙一般為 0.12～0.8mm，比較合適的為 0.25～0.3mm 左右。實際上的端面平衡間隙，主要決定於選用的電壓和進給速度。

2.　法向間隙

當工具的端面與進給方向成一斜角 θ，如圖 3-11 所示，傾斜部分各點的法向進給分速度 v_n 為

$\upsilon_n = \upsilon_c \cos\theta$

將此式代入式(3-9)即得法向平衡間隙

$$\Delta_n = \eta\omega\sigma U_R/v_c \cos\theta = \Delta_b/\cos\theta \tag{3-10}$$

由此可見，法向平衡間隙Δ_n比端面平衡間隙要大 $1/\cos\theta$。

必須注意，此式是在進給速度和加工速度達到平衡、間隙是平衡間隙而不是過渡間隙的前提下才是正確的，實際上傾斜底面上在進給方向的加工間隙往往並未達到平衡間隙Δ_b值，底面愈傾斜，即θ角越大，計算出的Δ_n值與實際值的偏差也愈大，因此，只有當$\theta \leqq 45°$且精度要求不高時，方可採用此式。當底面較傾斜，即 $\theta > 45°$時，應按下述側面間隙計算，並適當加以修正。

3. 側面間隙

當電解加工型孔時，決定尺寸和精度的是側面間隙Δ_s。電解液爲 NaCl，陰極側面不絕緣時，工件型孔側壁始終處在被電解狀態，勢必形成“喇叭口”。圖 3-12(a)中，設相應於某進給深度長 h = vt 處的側面間隙Δ_s= x，由式(3-8)可知，該處在其方向的蝕除速度爲$\eta\omega\sigma U_R$ /x，經時間 dt 後，該處的間隙 x 將產生一個增量 dx

$$\therefore dx = \frac{\eta\omega\sigma U_R}{x}dt \tag{3-11}$$

將上式進行積分

$$\int xdx = \int \eta\omega\sigma U_R dt \tag{3-12}$$

$$\frac{x^2}{2} = \eta\omega\sigma U_R t + C \tag{3-13}$$

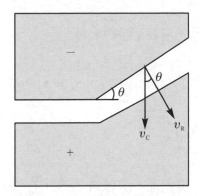

圖 3-11　法向進給速度及法向間隙

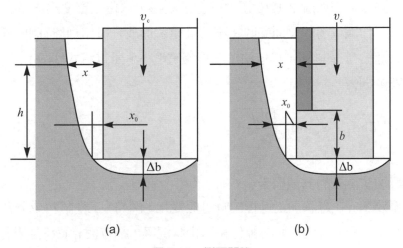

(a)　　　　　　　　(b)

圖 3-12　側面間隙

當 t → 0 時(即 h = v_ct → 0 時)，x ≈ x_0 (x_0 為底側面起始間隙)則 C = $\dfrac{x_0^2}{2}$

$$\therefore \dfrac{x^2}{2} = \eta \omega \sigma U_R t + \dfrac{x_0^2}{2} \tag{3-14}$$

∵ h = v_ct ∴ t = $\dfrac{h}{v_0}$ 代入上式得

$$\Delta_s = x = \sqrt{\frac{2\eta\omega\sigma U_R}{\upsilon_c}h + x_0^2} = \sqrt{2\Delta_b h + x_0^2} \tag{3-15}$$

當工具底側面處的圓角半徑很小時，$x_0 \approx \Delta_b$，故式(3-15)可以寫成：

$$\Delta_s = \sqrt{2\Delta_b h + \Delta_b^2} = \Delta_b\sqrt{\frac{2h}{\Delta_b} + 1} \tag{3-16}$$

上兩式說明，陰極工具側面不絕緣時，側面任一點的間隙，將隨工具進給深度 $h = v_c t$ 而異，為一拋物線關係，因此側面為一拋物線狀的喇叭口，如果陰極側面如圖 3-12(b)那樣進行了絕緣，只留一寬度為 b 的工作圖，則在工作圖以上的側面間隙 x 不再被電解而成一直口,此時側面間隙與工具的進給量 h 無關，只取決於工作邊寬度 b，所以將式(3-16)中的 h 以 b 代替，則得

$$\Delta_s = \sqrt{2b\Delta_b + \Delta_b^2} = \Delta_b\sqrt{\frac{2b}{\Delta_b} + 1} \tag{3-17}$$

4. 影響加工間隙的其他因素

    電流效率 η 在電解加工過程中有可能變化,例如,工件材料成分及組織狀態的不一致,電極表面的鈍化和活化狀況等,都會使 η 值發生變化。電解液的溫度、濃度的變化不但影響到 η 值,而且將對電導率 σ 值有較大影響。

    加工間隙內工具形狀,電場強度的分佈狀態,將影響到電流密度的均勻性,如圖 3-13 所示,在工件的尖角處電力線比較集中,電流密度較高,蝕除較快,而在凹角處電力線較稀疏,電流密度較低,蝕除速度則較低,所以電解加工較難獲得尖稜尖角的工件外形。

    電解液的流動方向對加工精度及粗糙度有很大影響,如圖 3-14 所示,入口處為新鮮電解液,有較高的蝕除能力,愈近出口處則電解產物(氫氣泡和氧化亞鐵)的含量愈多,而且隨著電解液壓力的降低,氣泡的體積越來

越大，電解液的導電率和蝕除能力也越低。因此，入口處的蝕除速度及間隙尺寸 Δ_1 比出口處 Δ_2 為大，其加工精度和表面質量也較出口處佳。

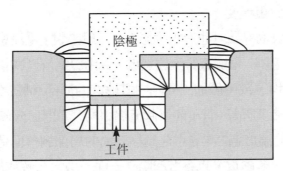

圖 3-13　夾角變圓現象

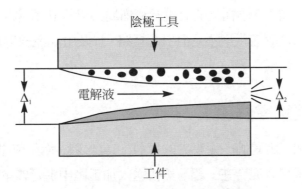

圖 3-14　電解產物對加工精度的影響

三、加工表面形貌

　　電解加工的表面形貌，包括表面粗糙度和表面的物理化學性質的改變兩方面。正常的電解加工能達到 Ra1.25～0.16 μm 的表面粗糙度，由於係以電化學陽極溶解去除金屬，所以沒有切削力和切削熱的影響，不會在加工表面發生塑性變形，不存在殘餘應力、加工硬化或燒焦等缺陷。但是若加工不良時，可能會出現晶間腐蝕、流紋、麻點，工件表面有黑膜，甚至短路燒傷等瑕疵。影響表面形貌的因素主要有：

1. 工件材料的合金成份、金相組織及熱處理狀態對粗糙度的影響很大。合金成分多，含雜質多，金相組織不均勻，晶粒大，都會造成溶解速度的差別，從而影響表面粗糙度。

2. 加工參數對表面品質且也有很大影響。一般來說，電流密度較高，有利於陽極的均勻溶解。電解液的流速過低，會由於電解產物排出不及時，氫氣泡的分佈不均，或由於加工間隙內電解液的局部沸騰汽化，造成表面缺陷。電解液流速過高，有可能引起流場不均，局部形成眞空而影響表面形貌。電解液的溫度過高，會引起陽極表面的局部剝落而造成表面缺陷，溫度過低，鈍化較嚴重，也會引起陽極表面不均勻溶解或形成黑膜。

3. 陰極的表面形貌，如表面條紋、刻痕等也都會複印到工件表面，所以陰極表面要注意加工。陰極上噴液設計和佈局如果設計不合理，流場不均，就可能使局部電解液供應不足而引起短路，以及引起流紋等瑕疵。陰極進給不勻，會引起橫向條紋。

■ 3-3-7　混氣電解加工

混氣電解加工就是將一定壓力的氣體(二氧化碳、氮氣或壓縮空氣等)用混氣裝置使其與電解液混合在一起，然後送入加工區中進行電解加工。

混氣電解加工，主要表現在提高了電解加工的精度，尤其是成型精度，簡化了陰極的設計與製造。

混氣電解加工裝置如圖 3-15 所示，在氣液混合腔中，壓縮空氣經過噴嘴噴出，與電解液混拌成爲水泡狀的氣液混合體後，注入加工區域進行電解加工。

電解液中混入氣體後，將產生如下之作用：

1. 由於氣體是不導電的，所以電解液中混入氣體後，會增加了間隙內的電阻率，而且隨著壓力的變化而改變，間隙小處壓力高，氣泡體積小，電阻率低，電解作用增強；間隙大處壓力低，氣泡大，電阻率大，電解作用減弱。

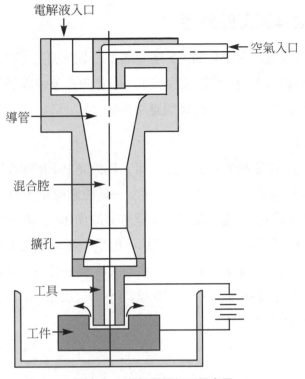

電解液入口

空氣入口

導管

混合腔

擴孔

工具

工件

圖 3-15 混氣電解加工示意圖

2. 由於氣體的密度和粘度遠小於液體,所以混氣電解液的密度和粘度也低的很多,這是混氣電解加工能在低壓下達到高流速的關鍵,高速流動的氣泡還起攪拌作用,消除死水區,均勻流場,減少短路的發生。

混氣電解加工有成型精度高,陰極設計簡單,減少短路現象等優點,但由於混氣後電解液的電阻率顯著增加,在同樣的加工電壓和加工間隙條件下,電流密度下降很多,加工速度將比不混氣時將降低 1/3～1/2,但這正可用小功率電源加工大工件之需求,另一個缺點是需要一套附屬供氣設備及良好的抽風設備而增加成本。

■ 3-3-8　電解加工的應用

電解加工主要應用在深孔加工、型面加工、型腔加工、管件內孔拋光、各種型孔的倒圓角和去毛邊、整體葉片加工、砲管內孔及膛線加工、螺旋花鍵孔加工、電化學切削等。以下介紹幾個應用實例：

1.　深孔擴孔加工

深孔擴孔加工按陰極的運動形式，可分爲固定式和移動式兩種。

固定式如圖 3-16 所示，其優點有三：一是設備簡單，只需套夾具來保持陰極與工件的同心及起導電和引進電解液的作用，二是由於整個加工面同時電解，故生產率高；三是操作簡單。但是，陰極要比工件長一些，所需電源的功率較大；電解液在進出口處的溫度及電解產物含量等都不相同，容易引起加工表面粗糙度和尺寸精度的不均勻現象，當加工表面過長時，陰極剛度將顯得不足。

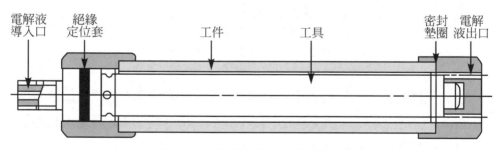

電解液　　絕緣　　　　　　　工件　　　　　　工具　　　　　　　密封　電解
導入口　　定位套　　　　　　　　　　　　　　　　　　　　　　　墊圈　液出口

圖 3-16　固定式陰極深孔擴孔原理圖

移動式加工通常是將零件固定在機床上，陰極在零件內孔作軸向移動，移動式陰極較短，精度要求較低，製造容易，可加工任意長度的工件而不受電源功率的限制。但它需要有效長度大於工件長度的機台，同時工件兩端由於加工面積不斷變化而引起電流密度的變化，故出現收口和喇叭口，需採用自動控制方式以改進缺失。

2.　型孔加工

　　圖 3-17 爲型孔電解加工示意圖。對於些形狀複雜、尺寸較小的四方，六方、橢圓、半圓等形狀的通孔和不通孔，機械加工很困難。如採用電解加工，則可以提高生產效率及加工質量。型孔加工一般採用端面進給方式，爲避免錐度，陰極側面必須絕緣。

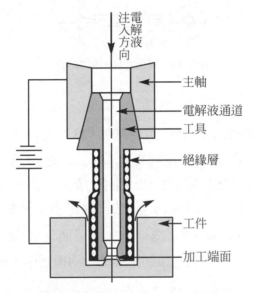

圖 3-17　面進給式型孔加工示意圖

3.　型腔加工

　　大部分的鍛模爲型腔模，目前多採用放電加工方式加工，但由於放電加工的生產率較低，因此對鍛模消耗量比較大、精度要求不高的煤礦機械、汽車拖拉機等模具，近年來逐漸採用電解加工。

　　圖 3-18 爲電解加工連桿、撥叉類鍛模的示意圖，陰極端面上開有兩孔，孔間有一長槽貫通，電解液從孔及長槽中噴出。一般加工參數條件爲，電壓 8～15V，電流密度 20～90A/cm^2，進給速度 0.4～1.5mm/min，電解液爲 8%～12%濃度的氯化鈉溶液，壓力爲 0.5～2MPA。

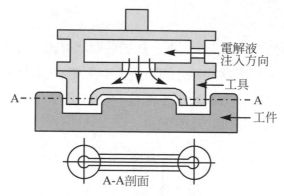

圖 3-18　桿型腔模的電解加工

4. 葉片加工

   葉片是噴氣發動機、汽輪機中重要零件，葉片表面形狀比較複雜，精度要求較高，加工批量大。採用電解加工法加工不受葉片材料硬度和韌性的限制，在一次加工行程中就可加工出複雜的葉身型面，表面粗糙度值亦小。電解加工整體葉輪，如圖 3-19 所示。葉輪上的葉片是逐個加工的，加工完一個葉片，退出陰極，分度後再加工下一個葉片。加工前之葉片是經精密鑄造，機械加工，拋光後鑲到葉輪輪緣的榫槽中，再銲接而成。

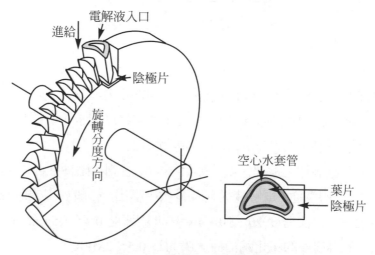

圖 3-19　電解加工整體葉輪

5　電解倒角去毛邊

一般的機械加工中去毛邊的工作量很大，尤其是去除硬而韌的金屬毛邊，需要花費很多人力。電解倒角去毛邊可以提高加工效率和節省費用，圖 3-20 是齒輪的電解去毛邊裝置，工件齒輪套在絕緣柱上，環形電極工具也靠絕緣柱定位安放在齒輪上面，保持適當間隙(根據毛邊大小而定)，電解液在陰極端部和齒輪的端面齒面間流過，陰極和工件間通上 20V 以上的電壓(電壓高些，間隙可大些)即可去除毛邊。

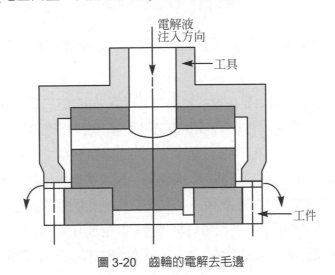

圖 3-20　齒輪的電解去毛邊

6.　電解刻字

加工完畢工件在成品檢查後要在零件表面刻字。通常這些工作由機械打字完成。這對於熱處理後已淬硬的零件或壁厚特薄，或精度很高。表面不允許破壞的零件而言，都是非常困難，電解刻字則可以在那些一般的機械刻字不能進行的表面上刻字。電解刻字時，字頭接陰極(見圖 3-21)，工件接陽極，二者保持大約 0.1mm 的電解間隙，中間滴注少量的鈍化型電解液，即可在短時間內完成工件表面的刻字工作，目前可以做到在金屬表面刻出黑色的印記，也可在經過發藍處理的表面上刻出白色的印記。

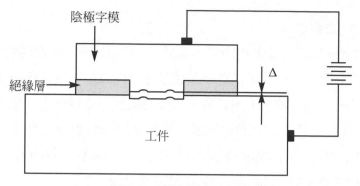

陰極字模

絕緣層

Δ

工件

圖 3-21　電解刻字示意圖

利用同樣的原理，亦可在工件表面刻印花紋，或製成壓花軋輥。

7. 電解拋光

電解拋光也是利用金屬在電解液中的進行腐蝕拋光，只是一種表面光整加工方法，用於改善工件的表面粗糙度和表面物理力學性能，而不用於對工件進行形狀和尺寸加工。它和電解加工的主要區別是工件和工具之間的加工間隙大，這樣有利於表面的均勻溶解，電流密度也比較小，電解液一般不流動，必要時加以攪拌即可。因此，電解拋光所需的設備比較簡單，包括直流電源、各種清洗槽和電解拋光槽，不像電解加工那樣需要昂貴的機床和電解液循環、過濾系統；拋光用的陰極結構也比較簡單。

電解拋光的效率要比機械拋光高，而且拋光後的表面除了常常生成緻密牢固的氧化膜等膜層外(這層組織緻密的膜往往將提高表面的耐腐蝕性能)，不會產生加工變質層，也不會造成新的表面殘餘應力，且不受被加工材料(如不銹鋼、淬火鋼、耐熱鋼等)硬度和強度的限制，表 3-6 所列爲一些常用的電解拋光液及加工參數

表 3-6　常用電解拋光液及加工參數

適用金屬	電解液		陰極材料	陽極電流密度(A/dm^2)	電解液溫度(°C)	持續時間(min)
碳鋼	H_3PO_4 CrO_3 H_2O	70% 20% 10%	銅	40～50	80～90	5～8
	H_3PO_4 H_2SO_4 H_2O $(COOH)_2$ (草酸)	65% 15% 18%～19% 1%～2%	鉛	30～50	15～20	5～10
不銹鋼	H_3PO_4 H_2SO_4 丙三醇(甘油) H_2O	50%～10% 15%～40% 12%～45% 23%～5%	鉛	60～120	50～70	3～7
	H_3PO_4 H_2SO_4 CrO_3 H_2O	40%～45% 40%～35% 3% 17%	銅、鉛	40～70	70～80	5～15
CrWMn 1Cr18Ni9Ti	H_3PO_4 H_2SO_4 CrO_3 丙三醇(甘油) H_2O	65% 15% 5% 12% 3%	鉛	80～100	35～45	10～12
鉻鎳合金	H_3PO_4 H_2SO_4 H_2O	640c.c 150c.c 210c.c	不銹鋼	60～75	70	5
銅合金	$H_3PO_4(1.87)$ $H_2SO_4(1.84)$ H_2O	670c.c 100c.c 300c.c	銅	12～20	10～20	5
銅	CrO_3 H_2O	60% 40%	鋁、銅	5～10	18～25	5～15

表 3-6　常用電解抛光液及加工參數 (續)

適用金屬	電解液		陰極材料	陽極電流密度(A/dm^2)	電解液溫度($^\circ C$)	持續時間 (min)
鋁及合金	$H_2SO_4(1.84)$ $H_3PO_4(1.7)$ $HNO_3(1.4)$ H_2O	體積 70% 體積 15% 體積 1% 體積 14%	鋁 不銹鋼	12～20	80～95	2～10
	$H_3PO_4(1.62)$ CrO_3	100g 10g	不銹鋼	5～8	50	0.5

8.　電化學切削

　　電化學加工可以切削很小或奇怪形狀的角度,複雜輪廓或是盲孔超硬金屬和特殊金屬像是鈦,鎳基合金,科瓦鐵鎳鈷合金,鉻鎳鐵合金,和碳化物。電化學切削是和放電加工非常類似的概念,在工件和電極間藉由電解液通過高電流。電化學切削工具被引導到想要加工的路徑,非常靠近工件但是沒有接觸。不像放電加工,電極和加工物形成短路會形成火花放電。然而電化學加工沒有火花放電產生。加工物件會被腐蝕是一種反電鍍的操作(陽極融解現象)。電化學加工是很有可能達到非常高的金屬移除率,而且沒有熱或機械應力會殘留在工件上,鏡面抛光處理也是有可能的。

■ 3-4　電解磨削

■ 3-4-1　電解磨削的基本原理及特點

　　電解磨削是結合電解與機械的複合加工法。電解磨削比電解加工具有更好的加工精度和表面粗糙度,比機械磨削有較高的生產率。

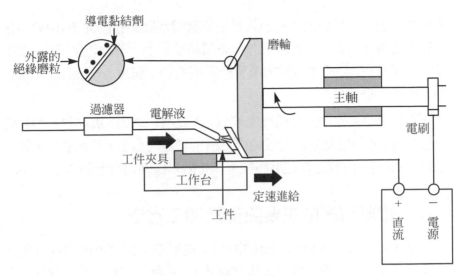

圖 3-22　電解磨削的加工原理

　　電解磨削的加工原理如圖 3-22 所示，加工過程中，砂輪不斷旋轉，砂輪上凸出來的研磨粒與工件接觸，形成電解間隙。在加工部位注入電解液，工件表面的金屬在電解作用下產生一層極薄的氧化物或氫氧化物薄膜，也就是陽極薄膜。剛形成的薄膜很快的就被砂輪上的磨料刮除，工件被刮除部位所生成新的金屬表面馬上被繼續電解。如此電解作用和刮除薄膜的磨削作用交替進行，使得工件連續的被加工，直達到所要的尺寸精度和表面粗糙度為止。

　　電解磨削的陽極溶解原理與一般電解加工相同。不同之處是在電解磨削中，陽極鈍化膜的去除是靠砂輪的機械加工，電解液的腐蝕較弱；而一般電解加工中的陽極鈍化膜的去除是靠高電流密度不斷溶解，或靠活性離子進行活化，再由高速流動的電解液沖刷帶走，所以電解液應含較強活化能力的離子。

　　電解磨削的主要特點如下：

1.　電解磨削主要是電解的作用，所以選擇合適的電解液就可用來加工任何高硬度、高韌性的金屬，如磨削硬質合金時，電解磨削的加工效率約為一般金鋼石砂輪磨削的 3～5 倍。

2. 電解磨削加工工件的尺寸與形狀都是靠磨輪刮除鈍化膜而來,由於砂輪並不是主要磨削金屬,因此磨削力和磨削熱都很小,不會產生毛邊、裂紋、燒傷的現象,所以能比電解加工獲得更高的加工精度,一般表面粗糙度為 $Ra = 0.16 \sim 0.5\,\mu m$。

3. 由於需要磨輪去除的鈍化膜硬度較低,因此磨削應力、磨削熱及消耗的功率都很低。如用碳化矽砂輪以純機械磨削硬質的合金,其耗損率為硬質合金的 4～6 倍,但若是以電解磨削,其耗損率為硬質合金的 50%～100%。

■ 3-4-2　電解磨削的主要設備及加工方法

電解磨床和一般普通磨床主要的區別是電解磨床要有直流電源及電解液的供給系統在工具與工件之間要絕緣,機台除了要有防腐能力的處理外還要有抽風的裝置。

導電磨輪的作用主要是使陰極導電及去除鈍化膜,常見的輪磨特性如表 3-7 所示。

表 3-7　幾種導電磨輪特性

種類	金屬結合劑人造金鋼石導電磨輪	樹脂結合劑導電磨輪	陶瓷鬆組織滲銀導電磨輪	石墨、碳素結合劑導電磨輪
磨料粒度	$80^{\#}\sim 100^{\#}$ ($\omega = 75\%\sim 100\%$)	$120^{\#}\sim 150^{\#}$	$80^{\#}\sim 180^{\#}$(砂輪氣孔的尺寸:$60^{\#}\sim 120^{\#}$,氣孔率:55% 左右)	不含磨料
性能及特點	磨料的形狀規則、硬度高、磨削效率高、電解間隙均勻,使用壽命長,成本較高,修整困難	磨輪不需進行反極性處理,具有抗電弧和防止短路的性能,磨削效率低、使用壽命短,修整方便	磨輪不需進行反極性處理,擁有較好的抗弧能力,可用一般機械磨削的修整方法來修整磨輪	成形最方便,可用車刀修整任何形狀,有良好的抗弧能力,磨削效率、精度較低級使用收命均較低
用途	模具、刀具、內外圓磨削	模具、內外圓、成形磨削(簡單形狀)	模具、葉片榫齒、刀具、成形磨削	成形磨削(一般粗加工)

　　所謂反極性處理是將磨輪接電源的正極，工件接負極，並在兩者接觸的區域供給電解液，使其進行電解加工，如此可把導電的磨輪金屬結合劑溶解一部分，於是磨輪的表面露出磨粒，這樣在不導電的凸出的磨粒與凹陷的金屬結合劑之間就形成了電解磨削所需要的加工間隙。

　　電解磨削所使用的電解液應具有下列特性：

1.　能使金屬表面生成結構緊密、黏附力強的鈍化膜。

2.　導電性好，生產效率高。

3.　對機床及夾具的腐蝕性要小。

4.　要對人體無害。

　　幾種常用的電解液配方如表 3-8 所示

表 3-8　幾種常用的電解磨削用電解液

電解液	1	2	3*	4#	5
硝酸鈉(NaNO$_3$)	0.3	1			
亞硝酸鈉(NaNO$_2$)	9.6	6			
氯化鈉(NaCl)		1.5	1.0		
次氯酸鈉(NaClO)			1.5		
磷酸氫二鈉(Na$_2$HPO$_4$)	0.3	0.5			
重鉻酸鉀(K$_2$Cr$_2$O$_7$)	0.1		0.3		0.2
矽酸鈉(Na$_2$SiO$_3$)			0.7		
氟化鈉(NaF)				5	
苯甲酸鈉(NaCOO)			0.2	3	0.2
氯化胺(NH$_4$Cl)				2	2

表 3-8　幾種常用的電解磨削用電解液(續)

電解液	1	2	3[*]	4[#]	5
檸檬酸鈉($Na_3C_6H_5O_7$)			5	1	1
甘油[$C_3H_5(OH)_3$]	0.05			0.5	0.5
PH 值	7～8	8～9	11～13	14	7～8
表面粗糙度 Ra/μm	0.08～0.16	0.16～0.32	0.63～2.5	0.08～0.32	0.32～0.63
適用材料	硬質合金	可同時磨削硬質合金刀具及其銅銲鋼體	鐵基、鎳基高溫合金		鑄造磁鋼

　　電解磨削的加工參數主要有電解液的配方、流量、溫度、濃度、電流密度、加工電壓、磨輪線速度及磨削壓力等等。主要的電解磨削加工參數值如表 3-9 所示：

表 3-9　電解磨削的主要加工參數

應用	電流密度/A·cm^{-2}	加工電壓/V	磨削壓力/MPA	磨輪線速度/m·s^{-1}	電解液		
					流量/L·min^{-1}	溫度/℃	濃度/%
一般值	30～50	8～12(精加工取低值)	0.2～0.4	20～30	1～1.5	20～30	5～30
最大值	100	18		約 50			

■ 3-4-3　電解磨削的應用

　　由於電解磨削具有著電解加工和機械磨削的優點,因此在生產中主要用來磨削高硬度的工件,如各種硬質合金刀具、量具、擠壓拉絲模、輥軋。

■ 3-5　電鑄

　　電鑄和電解加工一樣，都是將工件放在電解液中，利用電化學反應來進行加工的一種加工方法。但是兩者的主要區別在於，電解加工是在電場的作用下使陽極工件表面溶解，而電鑄則是在電場的作用下使陰極上之工件表面沉澱析出一層較厚重之金屬。

■ 3-5-1　電鑄原理

　　電鑄加工的原理如圖 3-23 所示，用可導電的原模作陰極，用電鑄材料(例如紅銅)作陽極，用電鑄材料的金屬鹽(例如硫酸銅)溶液作電鑄鍍液，在直流電源接通下，電鑄液中的金屬離子(正離子)在陰極(工件)上得到電子後還原為金屬沈積於蕊模表面。陽極上的金屬原子失去電子成為正金屬離子溶解於電鍍液中經過攪拌運動後，在陰極上獲得電子成為金屬原子而沉積鍍覆在陰極原模表面，如此使陰極原模上電鑄層逐漸加厚，當達到預定厚度時將此殼層取出，即可得到與原模型面凹凸相反的電鑄件。

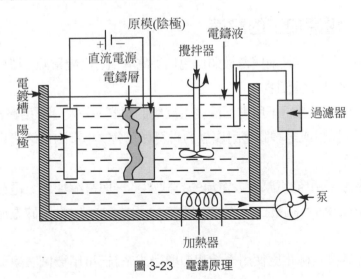

圖 3-23　電鑄原理

■ 3-5-2　電鑄特點

電鑄加工具有如下之優點：

1. 一般工件的加工成形需要經過畫線、切割、機械加工、銲接等的程序。使用電鑄加工則可以一次成型，大幅減少了繁雜的加工步驟。

2. 電鑄加工能準確、精密地複製複雜的型面和細微的紋路。電鑄件與母模尺寸的誤差一般都可控制在 ±2.5 μm，表面粗糙度 Ra≦0.1 μm。

3. 電鑄設備簡單，其成本比機械加工的設備省很多。

4. 蕊模可重複使用，在大量生產同一產品時精度不受影響。

缺點：

1. 加工時間長，視工件之厚度，簡單形狀的要 3～4 小時，形狀較複雜的要好幾十個小時。

2. 蕊模的製作往往需要精密加工以及照相製版的技術等。

3. 電鑄件較不易脫離原模。

■ 3-5-3　電鑄加工的設備

電鑄加工的基本設備與電鍍類似包括：電解槽、直流電源、攪拌和循環過濾系統、加熱和冷卻裝置。

電解槽材料應選用不與電鑄液發生反應的材料。一般外框用鋼板銲接，內襯則以鉛板、橡膠或是塑膠等耐腐蝕的材料做襯裡。小型的電解槽可用陶瓷或玻璃材料製作。

直流電源-採用低電壓、大電流的方式加工，與電解加工、電鍍相同，一般電壓為 3～20V(可調整)，電流的密度在 15～30A/dm²。常用矽整流或可控矽直流電源。

為了降低濃差極化應使用攪拌和循環過濾系統。可用機械法槳葉來攪拌或

是用循環泵攪拌，另外也可用震動或轉動來攪拌。過濾器最主要的用途是除去溶液中的固體雜質微粒。

因為電鑄的時間比較長，為了使電鑄鍍液維持溫度的恆定，需要加熱或是冷卻的恆溫控制裝置。常用蒸汽、熱水、電熱等來加熱，冷卻則是以水冷、風吹或冷凍機為之。

■ 3-5-4　電鑄蕊模

蕊模設計

蕊模設計中應考慮以下因素：

1.　與金屬有關的因素
   (1)　內稜角與外稜角應盡量採取較大的圓弧過渡，以避免在內稜角處金屬的沈積過薄，而外稜角的地方沈積卻又過厚，產生了沈積不均勻的現象，導致了樹枝狀電沈積層的出現。
   (2)　蕊模應要比實際的工件長～20mm，如此便可將電鑄後的電鑄件兩端粗糙、過厚或是產生樹枝狀的電沈積除去。
   (3)　蕊模的材料應要具有耐水、耐酸、耐鹼及耐 50℃的溫度。

2.　與脫模有關因素
   (1)　原始的蕊模上面不允許有鎖和溝。
   (2)　縱使電鑄件的表面粗糙度沒有要求時，為了使脫模方便，所以蕊模的粗糙度 Ra 應在 0.2～0.4 μm。
   (3)　永久性蕊模的的錐度不可小於 0.085mm，若是不允許有錐度則應選擇與電鑄金屬熱膨脹係數相差較大的材料來製作，此是為了方便脫模。
   (4)　尺寸的精度要求不高時，可在電鑄件的表面塗一層蠟或是低熔點合金(盡量要薄)，在電鑄後蠟層融化，將以利脫模。
   (5)　外型複雜、不能完整脫模的金屬件則可以選用一次性蕊模，也可採用組合模。

蕊模的類型與材料

電鑄時金屬沈積在一定形狀的模型，此模型稱爲蕊模。蕊模可分爲永久性蕊模和消耗性蕊模兩種。

永久性蕊模即在電鑄後可以從電鑄件上分離出來的蕊模。此種蕊模製蕊的費用較高，常用於大量生產的產品上。永久性模的材料有不銹鋼、低碳鋼、銅、黃銅、電鑄鎳、有機玻璃矽橡膠以及硬的塑膠材料，如環氧樹脂、聚氯乙烯糊狀樹脂等。

消耗性蕊模也稱一次性模，即在電鑄後不能以脫模的方法脫模出來，此爲有嵌入角的蕊模。消耗性模的材料有鋁、鋅及其合金、某些低熔點合金、塑膠、蠟、石膏等。拆卸的方法可透過加熱融化、分解，或是用化學的方法溶解。

■ 3-5-5　電鑄應用

電鑄加工主要有三個方面之應用：

1. 金屬箔與金屬網的製作，例如電動刮鬍刀的刀片和網罩、食品加工器中的過濾網，電鑄篩網用於產品的印刷上，電鑄的金屬箔片用於印刷電路工業上。

2. 衝壓模、澆注模及印刷用字母的製作例如衝壓模、澆注塑模已被運用在生產玻璃器皿、鐵基合金鑄件橡膠製品等。電鑄模做擠壓工具，主要用於製造唱片。

3. 金屬複製品製作例如應用電鑄技術可將一般機械加工裡頭中較爲困難的工件內表面轉化成爲蕊模的外表面，也可以將難以成形的的金屬變成較易成形的蕊模材料的形狀。此法可製作放電加工用之銅電極、火箭噴嘴、或雷達上之導波管等。

■ 3-6　電刷鍍

　　電刷鍍(稱塗鍍或無槽電鍍)也是利用陰極沈積的原理在工件表面的一小部分區域快速鍍上一層所需要的金屬層。

■ 3-6-1　電刷鍍工作原理

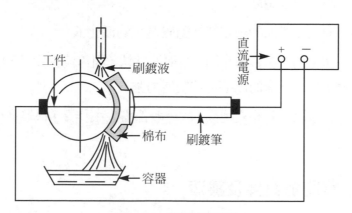

圖 3-24　電刷鍍的原理

　　電刷鍍的原理如圖 3-24 所示，電源的負極接於工件，正極接於鍍筆，鍍筆上的不溶性陽極用棉花、海綿或泡沫塑料將其包好，蘸上電鍍液直接與工件接觸即可電鍍。加工時將電源接通並轉動工件。鍍液中的金屬離子在電場的作用之下向陰極(工件)運動並且在陰極上得到了電子還原成原子而沈積塗鍍在陰極的表面，鍍層的厚度在 0.001～0.5mm 範圍內。刷鍍用的電流密度比電鍍大幾倍到幾十倍，其金屬離子濃度也比一般電鍍濃 10～20 倍，因此刷鍍時金屬沈積速度比一般電鍍快 5～50 倍。

■ 3-6-2　電刷鍍特點

電刷鍍有以下之加工特點：

1. 不需要鍍槽即可以對工件進行局部表面塗鍍，設備、操作簡單，機動靈活性強，可直接在現場就地施工。

2. 依塗鍍液種類之不同可塗鍍的金屬多，一套設備可鍍金、銀、銅、鐵、錫、鎳、鎢、鉑等多種金屬。

3. 可根據不同金屬表面的鈍化特性配置適合的活化液。

4. 鍍層與基體金屬的結合力牢固，塗鍍速度快，因電流密度高，所以生產效率也相對提高，鍍層的厚薄可控制能力強。

5. 因工件與鍍筆之間有相對運動，故一般都需人工作業，很難進行大量及自動化生產。

■ 3-6-3　電刷鍍設備及鍍液

電刷鍍主要設備包括電源、鍍筆、鍍液及泵、回轉台等。

1. 電源
   塗鍍所用直流電源基本上與電解、電鍍、電解磨削等所用的相似，電壓在3～30V 內連續可調，電流從 30～100A 視所需功率而定來選擇，電流有變化時，電壓要相對的穩定。

2. 鍍筆
   鍍筆由手柄和陽極兩部分組成。陽極採用不溶性的石墨塊製作，其形狀有方形或圓形大小不同的石墨陽極塊。在石墨塊外面需包裹上一層脫脂棉，在棉花外再包套上一層耐磨的棉套。棉花的作用是在飽吸貯存鍍液，並防止陽極與工件直接接觸短路和防止、濾除陽極上脫落下來的石墨微粒進入鍍液。

對窄縫、狹槽、小孔、深孔等表面的塗鍍，由於石墨陽極的強度不夠，需用鈍性金屬鉑等作為陽極。

3. 鍍液

電刷鍍的鍍液，根據所鍍金屬和用途不同而有多種，比電鍍槽用的鍍液有較高的離子濃度。為了對被鍍表面進行預處理(電解淨化、活化)，鍍液中還包括電淨液和活化液等。表 3-10 為常用鍍液的性能。

表 3-10　常用塗鍍液的性能及用途

序號	鍍液名稱	酸鹼度	鍍液特性
1	電淨液	pH=11	主要用於清除零件表面的汙油雜質及輕微去銹
2	零號電淨液	pH=10	主要用於去除組織比較疏鬆材料的表面油污
3	1 號活化液	pH=2	除去零件表面的氧化膜，對於高碳鋼、高合金鋼鑄件有去碳作用
4	2 號活化液	pH=2	具有較強的刻蝕能力，除去零件表面的氧化膜，在中碳、高碳、中碳合金鋼上起去碳作用
5	3 號活化液	pH=4	主要除去其他活化液活化零件表面後殘餘的碳黑，也可用於銅表面的活化
6	4 號活化液	pH=2	用於去除零件表面疲勞層、毛邊和氧化層並使之活化
7	鉻活化液	pH=2	除去舊鉻層上的疲勞氧化層
8	特殊鎳	pH=2	作為底層溶液，並且有再次清洗活化零件的作用，鍍層厚度在 0.001～0.002mm 左右
9	快速鎳	鹼(中)性 pH=7.5	此鍍液沉積速度快，在修復大尺寸磨損的工件時，可作為復合鍍層，在組織疏鬆的零件上還可用作底層，並可修復各種耐熱、耐磨的零件
10	鎳－鎢合金	pH=2.5	可作為耐磨零件的工作層

表 3-10　常用塗鍍液的性能及用途 (續)

序號	鍍液名稱	酸鹼度	鍍液特性
11	鎳－鎢"D"	pH=2	鍍層的硬度高,具有很好抗磨損、抗氧化性能,低的疲勞損失,並在高強鋼上無氫脆
12	低應力鎳	pH=3.5	鍍層組織細密,具有較大的壓應力,用作保護性的鍍層或者夾心鍍層
13	半光亮鎳	pH=3	增加表面的光亮度,承受各種受磨損和熱的零件,有好的抗磨和抗腐蝕性
14	鹼銅	pH=9.7	鍍層具有很好的防滲碳、滲氮化能力,作為複合鍍層還可降低鍍層的內應力防止鍍層變脆,並且對鋼鐵無腐蝕
15	高堆積鹼銅	pH=9	鍍液沉積速度快,用於修復磨損量大的零件,還可作為複合鍍層,對鋼鐵均無腐蝕
16	鋅	pH=7.5	用於表面防腐
17	低氫脆鎘	pH=7.5	用於超高強度鋼的低氫脆鍍層和黑色金屬還有黑色表面防腐填補凹陷和劃痕
18	銦	pH=9.5	用於低溫密封和接觸抗鹽類腐蝕零件,還可作為耐磨層的保護層
19	鈷	pH=1.5	具有光亮性並有導電和磁化性能
20	高速鋼	pH=1.5	沉積速度快,修補不承受過分磨損和熱的零件,填補凹坑和對鋼鐵件有浸蝕作用
21	半光亮銅	pH=1	提高工作表面光亮度

4. 回轉台

回轉台係用來塗鍍回轉體工件表面,可用舊車床改裝。

■ 3-6-4　電刷鍍之應用

電刷鍍主要應用範圍如下：

1. 用在修復磨損的表面，恢復其原有的尺度精度以及幾何形狀。

2. 填補零件的刮傷、凹痕、孔動、銹蝕等。

3. 修復槽鍍產品的局部缺陷。

4. 改善零件表面的粗糙度以及物理化學性能。

5. 修復印刷的電路版、電器接點及微電子的原件。

習 題

1. 試述電化學加工之原理。

2. 何謂電解加工?有何優缺點?

3. 何謂電解研削?

4. 何謂電鑄加工?其用途有那些?

5. 電化學加工從原理、機理上來分析,有無可能發展成為"納米級加工"或"原子級加工"技術?

6. 為什麼說電化學加工過程中的陽極溶解是氧化過程,而陰極沉積是還原過程?

7. 舉例說明電極電位理論在電解加工中有什麼影響?

8. 陽極鈍化現象在電解加工中是優點還是缺點?舉例說明。

9. 電解加工時的電極間隙蝕除特性與放電加工時的電極間隙蝕除特性有何不同?為什麼?

NONTRADITIONAL MACHINING

雷射加工

■ 4-1　雷射加工的原理和特點

　　雷射是很先進的一種技術，其發展可追溯至1900年馬克斯浦郎克(Max Plank)的「量子論」及 1916 年愛因斯坦的「相對論」。在 1960 年的時候，美國工程師 T. H. Maiman 研發出第一台雷射器，開啓了雷射加工的先端。雷射是由英文 "LASER" 音譯而來，它的英文全名為 "Light Amplification by Stimulated Emission of Radiation" 意思是 "以受激輻射(Stimulated Emission)方式將光能量放大的現象"。此種現象所產生的雷射光具有四個特殊性質：

(1)　高純色性：即是說有單一頻率的單色光。

(2)　高功率密度：指單位體積的能量大而言。

(3)　高平行度：雷射光線相當平行，因此可以達到很遠而不太發散。

(4)　高干涉性。

正因為雷射光具有這些特性，突破了傳統光源諸多限制，使雷射的應用領域涵蓋了物理、化學、生物、材料、資訊、航空、醫學、量測、藝術與製造等各種不同的領域，而其功用則可以使用在打孔、切割、電子微調、銲接、熱處理，以及儲存資料等。其產品從金屬到布匹的各種工業，如電氣、電子、汽車、鋼鐵、煙草及食品等都已廣泛的應雷射加工來製造生產。

■ 4-1-1　雷射的基本原理

一、光的物理概念及原子發光過程

光既具有波動性，又具有微粒性，根據光的電磁學說，可以認為光是一種電磁波。同樣也有波長 λ，頻率 ν，波速 c (在真空中，$c = 3 \times 10^{10}$ cm/s)，三者之間的關係為

$$c = \lambda \nu \tag{4-1}$$

人肉眼能夠看見的光稱為可見光，它的波長為 0.4～0.76μm。可見光根據波長不同分為紅、橙、黃、綠、藍、青、紫等七種光，波長大於 0.76μm 的稱紅外光或紅外線，小於 0.4μm 的稱紫外光或紫外線。

根據光的量子學說，又可以認定光是一種具有一定能量的以光速運動的粒子，這種具有一定能量的粒子就稱為光子。不同頻率的光對應於不同能量的光子，光子的能量與光的頻率成正比，即

$$E = h\nu \tag{4-2}$$

式中　E：光子能量

　　　ν：光的頻率

　　　h：普朗克常數：6.625×10^{-34} 焦耳秒

例如波長 0.4 μm 的紫光的光子能量等於 4.96×10^{-17}，波長 0.7 μm 的紅光的光子能量等於 2.84×10^{-17} J。

　　圖 4-1 所示是氫原子的模型，中間是一個帶正電的原子核，核外有一個電子在固定的軌道上圍繞著原子核轉動，具有一定的"內能"。軌道半徑增大，內能也增大。電子只有在最靠近原子核的軌道上轉動時才是穩定的，設其能階為 E_1，稱為「基態」。

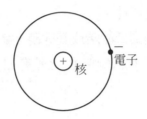

圖 4-1　氫原子的模型

　　其他原子的核外有多個電子，有的分布在好幾個軌道上，但一般都只有最外層的一個電子的軌道半徑和運動狀態會變化。

　　於適當方法施予原子能量時，（例如：用光照射、高溫或高壓電場激發原子），原子便吸收、增加內能，將最外層電子激發到高能階，如圖 4-2 所示。處於 E_2、E_3…、E_8 等高能階之原子稱為「激發態」，被激發到高能階後的原子很不穩定，故會回到較低的能階，而原子從高能階降到低能階之過程稱為「躍遷」。

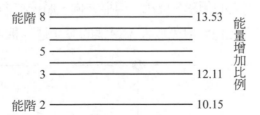

圖 4-2　氫原子的能階

在基態時，原子可以長時間存在，而在激發狀態的各種高能階的原子停留的時間(常稱壽命)一般都較短，常在 0.01 μs 左右。但有些原子或離子的高能階或次高能階卻有較長的壽命，這種壽命較長的較高能階稱為介穩態能階。氦原子、二氧化碳分子以及固體雷射材料中的釹離子等都具有介穩態能階，這些能階的存在是形成雷射的重要條件。

當原子從高能階躍遷回到低能階或基態時，會以光子的形式放出能量，所放出光的頻率 ν 與高能階 E_n 和低能階 E_1 之差有如下關係。

$$\nu = (E_n - E_1)/h \qquad (4\text{-}3)$$

式中 h：普朗克常數。

如圖 4-3(b)所示，原子從高能態自發地躍遷到低能態而發光的過程稱為自發輻射，日光燈、氖燈等光源都是由於自發輻射而發光的。由於各個受激原子自發躍遷返回基態時在時間並不同步；光子輻射方向毫無秩序，加上激發能階很多，自發輻射光的頻率和波長大小不一，所以單色性很差。

物質發光除自發輻射外，還有一種叫做受激輻射，如圖 4-3(c)。當一束入射光射到具有大量激發態原子的系統中，若這束光的頻率 ν 與 $(E_2 - E_1)/h$ 很接近時，則位在激發能階上的原子，在這束光的刺激下會躍遷到較低能階，同時發出一束光，這束光的頻率、位相、傳播方向、偏振方向與入射光完全一致而且數量更多，相當於把入射光放大，這樣的發光過程稱為受激輻射。

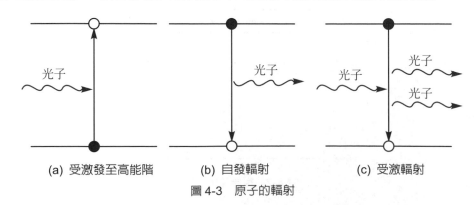

(a) 受激發至高能階　　(b) 自發輻射　　(c) 受激輻射

圖 4-3　原子的輻射

二、雷射的產生

　　具有介穩態能階結構的材料，在外來光子激發下，會吸收光能，使處在較高能階(介穩態)的原子(或粒子)數目大於處於低能階(基態)的原子數目，此現象稱為「粒子數反轉」。在粒子數反轉的狀態下，如果有一束光子照射該物體，而光子的能量恰好等於這兩個能階相對應的能量差，這時就能產生受激輻射，輸出大量的光能。

　　例如，人工晶體紅寶石，基本成分是氧化鋁，其中摻有 0.05% 的氧化鉻，鉻離子鑲嵌在氧化鋁的晶體中，發射雷射的是正鉻離子。當脈衝氖燈照射紅寶石時，處於基態 E_1 的鉻離子大量激發到 E_n 狀態，由於 E_n 壽命很短，E_n 狀態的鉻離子又很快地跳到壽命較長的介穩態 E_2。如果照射光足夠強，就能夠在千分之三秒時間內，把半數以上的原子激發到高能階 E_n，並轉移到 E_2。而在 E_2 和 E_1 之間呈現出粒子數反轉，如圖 4-4 所示。

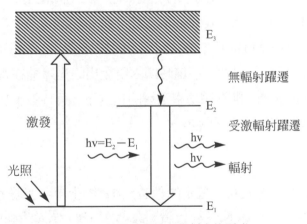

圖 4-4　粒子數反轉與雷射光的形成

　　這時若以頻率為 $\nu = (E_2 - E_1)/h$ 的光子去"激勵"它時，就可以產生從能階 E_2 到 E_1 的受激輻射躍遷，發出頻率 ν 的單色光，這就是「雷射」。

■ 4-2　雷射的特性

雷射屬於光的一種，它具有一般光的性質，例如：反射、折射、繞射以及干涉等，但雷射光也有它的特性。普通光源的發光是以自發輻射為主，基本上是無秩序地、相互獨立地產生光發射，因此無論方向、相位或者偏振狀態都不相同。而雷射則不同，它的光發射是以受激輻射為主，發出的光波具有相同的頻率、方向、偏振態和相位關係，因此具有強度高、單色性好、干涉性好和方向性好之優點。

一、強度高

一台紅寶石雷射脈衝產生器的亮度要比高壓脈衝氖燈高三百七十億倍，比太陽表面的亮度高二百多億倍，雷射的強度和亮度之所以如此高，原因在於雷射可以達到光能在空間上和時間上的亮度集中。就光能在空間上的集中而言，如果能將分散在 180° 立體角範圍內的光能全部壓縮到 0.18° 立體角範圍內發射，則可以在不增加總發射功率的情況下，使其亮度提高一百萬倍。就光能量在時間上的集中而言，如果把一秒鐘時間內所發出的光壓縮在零點幾毫秒的時間內發射，形成短脈衝，則在總功率不變的情況下，瞬時脈衝功率又可以增加好幾百倍，大大提高了雷射的亮度。

二、單色性好

單色光是指光的波長為一確定的數值，但實際上單色光是不存在的，波長為 λ_0 的單色光是指中心波長為 λ_0、譜線寬為 $\Delta\lambda$ 的一個光譜範圍。$\Delta\lambda$ 稱為該單色光的譜線寬，是衡量單色性好壞的尺度，$\Delta\lambda$ 越小，單色性就越好。在雷射發展出來前，氖燈為單色性最好之光源，它發出的單色光 $\lambda_0 = 605.7\text{nm}$，在低溫條件下，$\Delta\lambda$ 只有 0.00047nm。雷射光出現後，單色性有了很大的進展，雷射的譜線寬度可以小於 10^{-8}nm，單色性比氖燈好的多。

三、干涉性好

　　光源的干涉性好壞可以用干涉時間或干涉長度來衡量。干涉時間是指光源先後發出的兩束光能夠產生干涉現象的最大時間間隔。在這個最大的時間間隔內光所走的路程(光程)就是干涉長度，它與光源的單色性密切有關，即

$$L = (\lambda_0) / \Delta\lambda \tag{4-4}$$

　　式中 L　：干涉長度
　　　　λ_0：光源的中心波長
　　　　$\Delta\lambda$：光源的譜線寬度

　　此公式說明了單色性越好，$\Delta\lambda$ 越小，干涉長度就越大，光源的干涉性也越好。某些單色性很好的雷射器所發出的光其干涉長度可達到幾十公里。而單色性很好的氖燈其干涉長度僅為 78cm，利用它來進行測量時最大可測長度只有 38.50cm，其它物質光源的干涉長度則更小。

四、方向性好

　　光束的方向性是用光束的發散角來表示，通常一般的光源由於各個發光中心是獨立發光，各別具有不同的方向，所以發射之光束很發散。雷射的各個發光中心則可以把雷射束壓縮在很小的立體角內，發散角甚至可以小到 0.1×10^{-3} sr 左右。例如：以高度平行之雷射束(發散角非常小)，經過光學透鏡系統射到月球上時，光束擴散的截面直徑將不到 1 公里大小，若以最好的探照燈光束射到月球上(實際上是不可能的)，則探照燈光束擴散的直徑將達幾百公里。

■ 4-3 雷射光加工過程

雷射加工過程一般分爲四個階段,即:雷射束照射材料、材料吸收光能、光能轉變爲熱能使材料加熱、經由熔融和氣化使材料去除或破壞。

一、材料對雷射光能量的吸收率

當雷射束照射到材料表面時,一部分雷射光會從材料表面反射,一部分則透入材料內被材料吸收,透入材料內部的雷射光會對材料起加熱作用。圖 4-5 是幾種不同材料的對光的相對吸收率,不同材料對於不同波長光波的吸收與反射,有著很大的差別。通常,導電率高的金屬材料對光波的反射率較高,表面光亮度高的材料其反射率也高。反之,若表面粗糙或暗黑表面,會提高材料對光的吸收率。

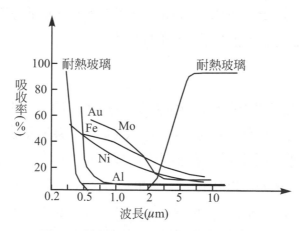

圖 4-5 幾種不同材料的對光的相對吸收率

二、材料的溫度變化

雷射光照射金屬表面時,一部分被金屬表面反射,另一部分被吸收。此吸收過程僅發生在被照射金屬材料厚度約 $0.01 \sim 0.1\,\mu m$ 的範圍內,而這現象稱爲金屬的淺膚效應。當雷射束在金屬表面層被吸收時,會使金屬中的自由電子熱

能增加，在很短時間內($10^{-11} \sim 10^{-10}$ s)把電子的能量轉為晶格的熱振動能，而使材料溫度升高。

至於非金屬材料在雷射光的照射下，由於它的導熱性很小，其加熱過程不是依靠自由電子的震動。若雷射光波長較長時，光能可以直接被材料晶格吸收而使熱振盪加劇。若雷射光波長較短時，雷射光會激發原子殼層上的電子，通過碰撞而傳播到材料晶格，使光能轉換成為熱能。

三、材料的熔化與蒸發

雷射光在足夠功率密度射材料，會使材料表面達到熔化和氣化溫度而氣化蒸發或熔融濺出。雷射功率密度過高時，材料會在表面上氣化，而不在深處熔化。由於雷射進入材料的深度很小，所以在雷射光點中央，表面溫度迅速提高，利用雷射脈衝可以達到$10^{10}\,°C/s$ 的加熱速度，產生$10^6\,°C/cm$ 的溫度梯度，所以可在極小區域達到材料的熔化和氣化溫度而破壞材料。

若以多脈衝雷射加工下，首先是一個脈衝被材料表面吸收，由於材料表層的溫度梯度很陡，表面上先產生熔化區域，接著產生氣化，當下一個脈衝來臨時，光能量在熔融狀材料的一定厚度內被吸收，此時較裡層材料中就能達到比表面氣化溫度更高的溫度，使材料內部氣化壓力加大，促使材料外噴，把熔融狀的材料也一起噴出。故在一般情況下，材料是以蒸氣和熔融狀二種形式被去除的，然而，當功率密度更高而脈寬更窄時，會於局部區域產生過熱現象，導至爆炸性的氣化，此時材料完全以氣化的形式被去除，幾乎不出現熔融狀態。

非金屬材料在雷射光照射下的熔化與蒸發，則與金屬有很大之不同，不同的非金屬材料又有很大區別。非金屬材料的反射率比金屬低得多，因此進入非金屬材料內部的雷射能量比金屬多。有機材料一般具有較低的熔點或軟化點，部分材料吸收了光能迅速變成了氣體狀態。有些有機材料，如硬塑料和木材、皮革等天然材料，在雷射加工中會形成高分子沉積和加工位置邊緣碳化。對於無機非金屬材料，如陶瓷、玻璃等，在雷射的照射下幾乎能吸收雷射的全部光能，但由於其導熱性很差，加熱區很窄，會沿著加工路線產生很高的熱應力，

而使材料破裂。

■ 4-4　雷射加工的特點

　　雷射加工不需直接接觸加工材料,所有材料的微細加工都能輕鬆地在短時間之內完成,而且能產生傳統能源所無法達成的高能量進行加工。其主要加工的特點如下：

1.　雷射加工的功率密度高達 $10^8 \sim 10^{10}$ W/cm^2,幾乎可以加工任何材料。高硬度、耐熱合金、陶瓷、石英、金剛石等硬脆材料都能加工。

2.　雷射光點大小可以聚焦到微米級尺度,輸出功率可以調節,因此可用於精密微細加工。

3.　雷射加工是屬於非接觸性加工,沒有明顯的機械應力產生,沒有工具損耗問題。加工速度抉、熱影響區小。還能對透明體進行加工,如對真空管內部進行銲接加工等。

4.　雷射加工裝置比較簡單,不需複雜抽真空設備。

5.　雷射加工是一種熱加工,影響因素很多,必須進行反復試驗,尋找合理的加工參數,才能達到最佳的加工效果。對於表面光澤或透明材料的加工,必須預先進行著色或打毛處理。

6.　加工過程中會產生氣體及火星等飛濺物,必須易通風抽氣,操作人員應戴防護目鏡。

■ 4-5　雷射加工的分類

　　有許多材料具有產生雷射的能力,但僅有少數材料所產生的雷射具有足夠的強度及可信度而可以應用在實際的加工上。雷射依照所使用介質之不同可以分為固體雷射及氣體雷射兩種。按雷射脈波之產生方式則可分為

連續雷射和脈衝雷射兩種。最常應用於加工的二種雷射是以放電方式激發的氣體雷射及以光學激發方式的固體雷射。

■ 4-5-1　氣體雷射

氣體雷射以氣體或蒸氣爲激發介質，包括原子、分子、離子、準分子、金屬原子蒸氣等雷射。在實用上有二氧化碳雷射、氦氖雷射、准分子雷射和氬離子雷射。氣體雷射因爲效率高、壽命長、連續輸出功率大，因此廣泛應用於切割、銲接、熱處理等加工。

4-5-1-1　二氧化碳雷射

二氧化碳雷射是以二氧化碳氣體(CO_2)爲工作介質的分子雷射，連續輸出功率可達萬瓦，是目前連續輸出功率最高的氣體雷射。光源的波長較長，主要爲 10.6 μm 的遠紅外線類型，其熱能較強，多半使用其熱能來燒熔金屬。可用於金屬的加工，如切割、銲接、鑽孔等。由於波長較長，熱效應高，不適用於精密塑膠元件加工。

二氧化碳雷射的構造如圖 4-6 所示，主要元件包括放電管、共振腔、雷射氣體循環、排氣系統、及加工光學系統等部份所組成。雷射共振腔內的 CO_2 分子被電子激發而處於介穩態，此一較高能階的介穩態分子降回基態的瞬間，同時放出光子。此一光子若於行進中撞擊其它介穩態分子，使其藉著誘發性發射(stimulated emission)放出同相位、等頻率的光子而回到基態，在此時只要施以持續高電壓，基態分子可連續被激發產生大量光子，所有光子在兩邊反射鏡共振作用下，於共振腔內累積，直到系統儲存足夠數量光子，才從前方反射鏡整合輸出雷射光，此爲 CO_2 雷射產生機構。共振腔內所使用的混合氣體，除了 CO_2 外還有氮氣(N_2)、氦氣(He)，也有再充填氧氣(O_2)及一氧化碳氣體(CO)，N_2 及 CO 共振誘發放出同相位光，He 有冷卻作用，CO 則用以延長 CO_2 衰敗時間，O_2 則與陰極管上積碳反應生成 CO_2 繼續使用。

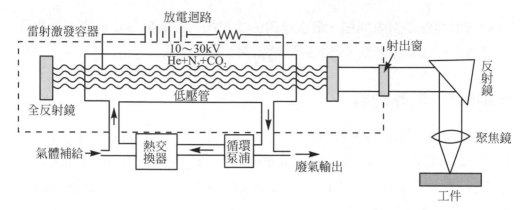

圖 4-6　二氧化碳雷射的構造

4-5-1-2　氦氖雷射

　　He－Ne 雷射是最早發展之氣體雷射，也是目前應用最廣的原子雷射。它以已連續激發方式運轉，在雷射放電管中可觀察到紅、黃、綠三種顏色光，其中紅光最多，可見其光波並不是很純。氦氖雷射的結構如圖 4-7 所示，由放電管、諧振腔和電源三部份所組成，兩端為鍍有多層膜的反射鏡，組成諧振腔。諧振腔中央由硬質玻璃或石英作成放電管，電源使用高壓小電流電源。

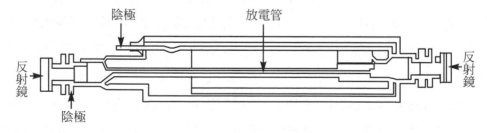

圖 4-7　氦氖雷射的結構

4-5-1-3　準分子雷射(Excimer 雷射)

　　準分子雷射是一種能產生高功率的紫外光波長的氣體雷射。近年來由於固態(solid-state)雷射技術的發展,使得利用倍頻技術發展出來的紫外光雷射已經逐漸在工業上被大量應用,但其能提供的功率仍小,目前唯一能提供高功率輸出的的就只有準分子雷射。

　　準分子雷射用來激發產生雷射的介質通常是兩種氣體,一為稀有氣體(rare gas),一為鹵素氣體(halide gas),選用不同的氣體組合,便可得到不同的雷射光波長輸出。當稀有氣體和鹵素氣體在共振腔中混合時並不會起反應,但當電極對氣體作高壓放電時,氣體分子便會被離子化,這時兩種離子便會結合形成一種準分子狀態,由於這種準分子狀態並不穩定,因此會馬上解離回歸各自的基態,此時能量便以紫外光的形式釋放出來。由於雷射的產生是利用電極瞬間放電的方式,因此準分子雷射是以脈衝的形式產出。準分子雷射以紫外線為主,它的特性是對高分子材料產生化學能反應,熱效應低,多半用於生化、醫學、塑膠及精密微機械的應用。

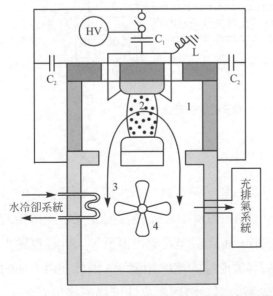

C_1：　積蓄電容器
C_2：　尖峰電容器
HV：高壓電源
1.　預備電離
2.　放電區間
3.　氣體流動
4.　風扇

圖 4-8　準分子雷射的結構

　　　準分子雷射的工作粒子是一種在激發態複合為分子,而在基態解離為原子的不穩定結合物。準分子雷射光的波長範圍在 193～351nm,約為 CO_2 雷射波長的 1/50,其單光子能量高達 7.9eV,比大分子的化學鍵能都要高,故能直接深入材料分子內部進行加工。準分子雷射的整體結構如圖 4-8 所示,主要是由放電管、電極和電源、腔鏡、氣流管道、氣體處理、風扇等組成。

4-5-1-4　氬離子雷射

　　　氬離子雷射是惰性氣體氬經過氣體放電,使氬原子電離並受到激發產生雷射,其結構如圖 4-9 所示。氬離子雷射可發出的光譜線很多,最強的是 0.5145 μm 的綠光和 0.4880 μm 的藍光。由於其波長短、發散角小,故可用於精密微細加工,例如加工光碟片基板的蝕刻。

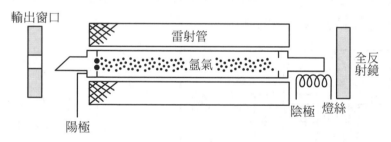

圖 4-9　氬離子雷射的結構

4-5-1-5　金屬蒸氣雷射

　　　早期的研究工作曾使鎘、鋅、錫、鉛、鈣、鎂、銅、鍺、銦及金等的蒸氣產生脈衝式的雷射光(pulsed laser light),但是由於此種雷射光束所能持續的時間很短(大約在 10^{-8} 秒～10^{-5} 秒之間),而且工作效率也很低,因此在實驗上及商業應用上,金屬蒸氣雷射無法和其他形態的雷射相競爭,因此在這方面的研究漸漸被冷落。目前被應用於色素雷射用激發源與高速度攝影機用光源。

■ 4-5-2　固體雷射

　　固體雷射一般多採用光激發，能量轉化環節多，光的激發能量大部分轉換為熱能，所以效率低，固體雷射通常多採用脈衝工作方式以避免固體介質過熱，但僅適用合適的冷卻裝置，較少採用連續工作方式。

　　雷射器是雷射加工設備的核心，它能把電能轉成雷射束輸出。如圖 4-10 所示，固體雷射之結構係由光泵、諧振腔、工作介質、聚光器、聚焦透鏡等組成。

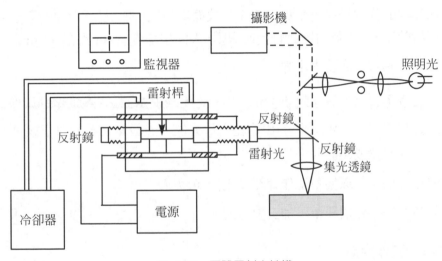

圖 4-10　固體雷射之結構

4-5-2-1　光　泵

　　光泵係提供工作介質光能之用，一般都是採用氙燈作為光泵。脈衝狀態工作的氙燈有兩種，一種是脈衝氙燈，另一種是重複脈衝氙燈。前者只能每隔幾十秒鐘工作一次，後者可以每秒工作幾次至十幾次，後者的電極需要用水冷卻。

4-5-2-2　諧振腔

　　諧振腔主要是由兩塊反射鏡組成，其作用是使雷射沿軸向來回反射共振，

用於加強和改善雷射的輸出。固體雷射的諧振腔以平行平面諧振腔使用最廣，它是由兩塊相互平行的同平面反射鏡組成，其中一塊為全反射鏡，另一塊為部分反射鏡。這種諧振腔要求其不平行度小於10″，過大時會引起光束的偏移和位移，使輸出能量或功率降低，甚至不能產生雷射。腔的不平行度主要是由調整誤差所引起，精度的調整決定於調整儀和諧振腔機械結構的穩定性，一般採用內調焦平行光管或測角儀來調整腔的不平行度。

4-5-2-3　聚光器

聚光器的作用是將光泵發出的光有效而均勻地反射到工作介物質上，為了提高反射效率，聚光器內壁鍍有金或銀膜，表面粗糙度值 Ra 應在 0.2 μm 以下。聚光器應達到如下之要求水準：

1.　聚光效率要高，聚光效率：$\eta = W_0 / W_t$，式中 W_0 為實際匯聚到工作介質上的有效光能，W_t 為燈發出的總有效光能。一般聚光器的效率達 80%左右，其餘變成熱能而損耗。

2.　聚光要均勻，以便對工作介質產生均勻激發。

3.　散熱要好，結構簡單，加工要方便。

4-5-2-4　工作介質

雷射工作介質是決定雷射器結構和性能的關鍵。工作介質的物理特性必須符合下列幾個要求：具有較寬的吸收光譜帶，以便有較多的離子吸收光後被激發；螢光帶上為一亞穩態狀，亞穩態壽命較長，以利於粒子數反轉；螢光光譜較窄；有較高的螢光量子效率，使大部分被光激發的離子容量過渡到產生螢光上的一個能階；有較好的導熱性；工作介質容易製備和進行光學加工。

固體雷射是由晶體或玻璃材料及摻入活化劑作為發生雷射所必需的活性離子的儲存處所組成。目前，應用於加工的固體雷射器的工作介質主要是紅寶石、釹玻璃及摻釹釔鋁石榴石(YAG)及半導體雷射(semiconductor laser)。

1. 紅寶石

   最早的固體雷射是使用紅寶石(ruby)(將近有 0.05%的鉻摻入)當作雷射介質。紅寶石的化學式爲 Cr^{3+}：Al_2O_3，激活離子是 Cr^{3+}。在常溫其吸收帶爲 0.41μm 紫光和 0.55μm 的綠光；吸收帶寬爲 0.1μm 左右。發射光譜爲 0.694μm 和 0.6929μm 的可見紅光，便於調整觀察。這種材料的雷射器輸出能量較大，採用 120mm×φ10mm 的紅寶石晶體時，雷射輸出能量可達 5J，但工作頻率不高，一般都小於 1 次/s。

   紅寶石雷射器的輸出特性與溫度有關，溫度升高，雷射輸出的中心波長向長波長方向移動，螢光譜線加寬，且爲均勻加寬，而紅寶石的螢光壽命在一定範圍內隨溫度下降而上升，但達到一定值後，壽命又開始下降，溫度升高使螢光量子效率下降。

   紅寶石雷射的優點是：機械強度大，能承受高功率密度；能生長成大尺寸；介穩態壽命長，可獲得大能量輸出，尤其是大能量單模輸出。紅寶石雷射不宜作連續及高重複運行，只能作低重複率脈衝器件。

2. 釹玻璃

   釹玻璃的基質是光學玻璃，如矽酸鹽玻璃、硼矽酸鹽玻璃、磷酸鹽玻璃、氟磷酸鹽玻璃等。激活粒子是稀土金屬釹離子(Nd^{3+})。與晶體雷射工作介質相比，釹玻璃工作介質有如下一些特點：容易製造出大體積、光學均勻性好的工作介質，成本比較低；現有的玻璃熱成型和光學冷加工方法成熟；能夠在室溫條件下獲得高效率的雷射輸出。存在的缺點是，玻璃本身的熱導率比較低(比石榴晶體低約一個數量級)，因此它不宜作連續泵浦或高重複率脈衝泵浦，一般只作單次脈衝或較低脈衝，重複頻率(小於 10 次/s)運轉，一般不超過 2 次/s。

3. Nd^{3+}：YAG

   大多數的固體雷射僅以脈衝式操作，但 Nd：YAG 固體雷射可以脈衝式及連續波式操作。基質是釔鋁石榴石晶體，化學式爲 Y3Al5O15，簡寫成

YAG，激活粒子是鐵離子。由於 Nd：YAG 固體雷射的工作介質摻釹釔鋁石榴石是電的絕緣體，因此必須藉由電以外的激發方式以給予能量。能量被射入雷射介質以產生強烈的光通量。這種雷射晶體有優良的機械性能、熱學性能和光學性能，常溫下輻射 1.06μm 雷射。

Nd^{3+}：YAG 晶體具有一系列光譜特點：

(1) 在光譜的可見和近紅外區具有好幾條較強的吸收光譜帶；

(2) 由上述各光譜帶向 1.06μm 螢光譜線的轉換效率較高；

(3) 在室溫和高於室溫的較大範圍內不受溫度升高的影響，適用於脈衝、連續、高重複率等多種器件，是目前能在室溫下連續工作的唯一實用的固體工作介質。

4. 半導體雷射(semiconductor laser)

半導體雷射又稱雷射二極體，半導體的材料可分為元素半導體及化合物半導體，常見的元素半導體材料，如矽與鍺，都是間接能隙材料，不合適做為發光材料。目前常見的發光元件材料多為直接能隙的化合物半導體，如三族、五族的砷化鎵與磷化銦，或二族、六族的硒化鋅與硫化鋅等。雷射二極體注入的電流必須大於臨界電流密度，才能滿足居量反轉條件而發出雷射光。

雷射二極體可應用的範圍非常寬廣。依波長及應用大致分為短波長與長波長雷射兩大類。短波長雷射泛指發光波長由 390nm 至 950nm 之雷射，主要使用於光碟機、掃描器、雷射印表機、條碼機及指示器等光資訊及顯示應用；而長波長雷射則是泛指發光波長由 980nm 至 1550nm 之雷射，主要用於光纖通訊。而光纖通訊又可分長距離通訊與短距離通訊。

■ 4-6　雷射加工設備

■ 4-6-1　加工設備的組成及功用

雷射加工機主要是由雷射器、主光路、機床本體及輔助系統等四大部分所組成。

4-6-1-1　雷射器

雷射器的功能主要是把電能轉成光能以產生雷射束。加工用雷射器須有一定的功率、光束質量和穩定輸出。依工作介質的種類，可分為固體、氣體、離子和準分子雷射器等；按雷射的振幅方式、可分為連接、重複、脈衝和脈衝雷射器。為滿足加工的需要，往往要對雷射調整振幅的輸出，如加 Q 開關、波形調制器等，以提高脈衝峰值功率和改變與材料相互作用的過程。

4-6-1-2　主光路

雷射加工設備主光路的作用是把雷射光源發出的雷射光束傳送聚焦到加工，同時完成必須的調制功能，對主光路的要求是：傳輸距離短、損耗小、光束無畸變、結構穩定、調整方便。

表 4-1　遠紅外波段(10.6μm)透鏡材料

材料	導熱系數 (w/cm · K)	吸收系數 (cm^{-1})	折射率 (n)	熱脹系數 (10^{-6} · C^{-1})	dn/dr (°C^{-1})	楊氏模量 (10^{6}kg/cm^2)	蒲松比
NaCl	0.065	0.005	1.40	44	～2.5×10^{-6}	0.4	0.20
KCl	0.066	0.003	1.46	36	-	0.3	0.13
Ge	0.059	0.045	4.02	6.1	4.6×10^{-4}	1.01	0.27

表 4-1 遠紅外波段(10.6μm)透鏡材料(續)

材料	導熱系數 (w/cm·K)	吸收系數 (cm⁻¹)	折射率 (n)	熱脹系數 (10^{-6}·C⁻¹)	dn/dr (°C⁻¹)	楊氏模量 (10^6kg/cm²)	蒲松比
GaAs	0.37	0.015	3.3	5.7	1.87×10^{-4}	0.84	0.33
CdTe	0.41	0.006	2.67	4.5	1.14×10^{-4}	0.38	0.40
ZnSe	0.13	0.005	2.4	7.7	-	0.7	0.37

　　主光路中，雷射光透過的各類元件材料，要根據其對該雷射光波長吸收率和雷射最大使用功率選擇，通常用透過率高，不致燒毀材料，這對於 CO_2 雷射光設備是是很重要的。遠紅外線透鏡材料特性如表 4-1。以 GaAs 或 ZnSe 製作透鏡和聚焦透鏡，雖然價格昂貴，但不易損壞，導熱性良好，易冷卻，可通過大功率光束。

4-6-1-3　機台本體

　　由於雷射加工機幾乎沒有切削應力之產生，所以對雷射加工機床本體結構剛性和強度要求就較低。一般採用鑄件或其他機床床身改裝，亦有採用鋼型材銲接構件，具重量輕、節省材料、工時等優點。

　　小型雷射加工機，雷射器往往固定於機床本體上不運動，由可活動工作臺帶動零件作相對運動；大型如 5kW 以上的 CO_2 雷射加工設備，雷射器往往與加工機分置兩個房間，通過導光系統把雷射光束傳輸到加工頭。而中型 CO_2 雷射加工機則可把雷射器固定於機床龍門架上，後兩種都是加工頭和零件分別運動，加工軌跡複合而成。圖 4-11 至圖 4-13 所示為三種雷射加工機的結構圖。

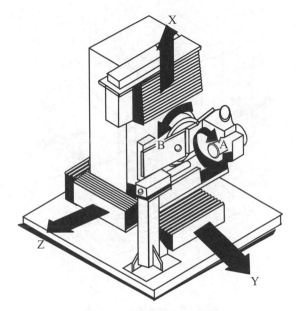

圖 4-11　五軸雷射加工機

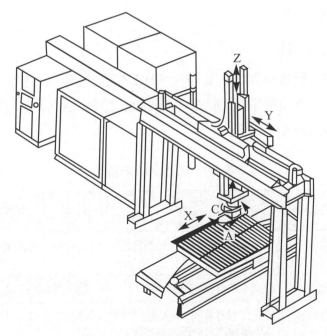

圖 4-12　五軸 CO_2 雷射加工機

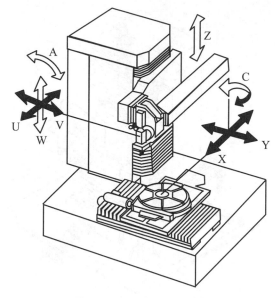

圖 4-13　雷射加工中心機

4-6-1-4　輔助系統

1. 安全與防護系統

    雷射光對人體會產生熱損傷、光化學和電磁效應等。另外加工過程中產生的強光和有害煙塵等對人體亦有害，因此要有完備之安全與防護系統。安全防護系統如表 4-2 所示。

表 4-2　安全防護系統組成

序號	裝置或措施	功能	裝置位置
1	警報燈	黃色或紅、黃閃動燈光警告雷射器正在工作	雷射器、電源櫃、工作室
2	警告標誌	標誌本雷射器的防護級別	雷射器蓋門上
3	安全自鎖器	打開雷射器蓋門、電源櫃門或雷射器隔離室門雷射器停止工作	雷射器源櫃、雷射器蓋門，和隔離工作

表 4-2　安全防護系統組成 (續)

序號	裝置或措施	功能	裝置位置
4	隔離	大功率雷射器、雷射加工區與人員隔離封閉	單獨工作室和密閉工作暗室
5	護目鏡	防止雷射直接或漫射入眼	眼鏡
6	制度	操作人員須經培訓，才可操作	並有安全防護制度約束

2.　照明設備

　　主要是對加工區域的照明，確保清晰地觀察。

3.　觀察與瞄準

　　雷射加工時，必須在雷射光發射前將零件的加工部位準確地置於雷射光束焦點的合適位置上，並觀察其加工效果。

4.　冷卻

　　冷卻對雷射器的穩定工作相當重要，加工用固體雷射光冷卻形式常用水冷式。氣體工作介質不流動的 CO_2 雷射器，可將密封的工作介質管浸泡在自來水能流動更新的容器內進行冷卻，其冷卻系統結構簡單。

5.　吹氣

　　所謂吹氣是在雷射加工過程中，對加工區域吹以某種有相當壓力的氣體，可以有效地輔助加工，排除熔融物質和強化雷射光熱作用。吹氣系統主要是由氣源、管路、調節閥、噴嘴等所組成。

■ 4-7　雷射加工的應用

　　雷射加工自發展以來以其自身加工和結合其他多種加工技術的特點，而能

迅速及廣泛地應用。目前，雷射束加工的主要應用有打孔、切割、銲接、金屬表面的雷射強化、微調和存儲等。圖 4-14 雷射束加工的主要應用範圍及其比例。

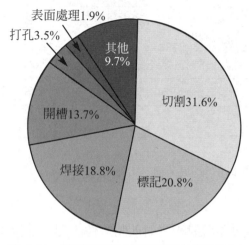

圖 4-14　雷射束加工主要應用及其所佔比例

■ 4-7-1　金屬表面的雷射強化

　　金屬表面的雷射強化可使金屬工件表面顯著地提高硬度、強度、耐磨性、耐蝕性、高溫性等性能，從而提高產品品質，延長產品使用壽命、降低產品成本，雷射強化包含雷射淬火、雷射塗覆、雷射合金化、雷射衝擊硬化、雷射非晶化和微晶化等。目前，雷射強化已在汽車、機車、機床與工具、模具與刀具、軍火工業等許多工業部門應用與開發。

4-7-1-1　雷射淬火

　　是利用雷射束快速掃瞄工件，便其表層溫度急劇上升，而工件基體仍處於冷態。由於熱傳導的作用，工件表層的熱量迅速傳到工件其他部位，在瞬間可

進行自冷淬火,實現工件表面相變硬化。因此,不同於一般的熱處理淬火,具有以下優點:

1. 只把薄表層加熱即可,全入熱量少,處理物不發生熱應變,或變形小而不需要或減輕麻煩的後加工。

2. 可只淬硬管的內面或複雜的一部份。

3. 可在一般大氣中加工,不像電子束加工或滲碳淬火那樣需要真空槽或滲碳爐,可加工大物件。

4. 雷射照射後,不必用水或油冷卻,成為無公害淬火。

5. 可精密控制硬化深度、硬化面積等。

6. 加工時間短可連線處理

4-7-1-2　雷射塗覆

如圖 4-15 所示,將粉末撒在金屬工件表面,並利用雷射束加熱至全部熔化。同時工件表面亦有微量熔融,光束離去後塗覆材料便迅速凝固,形成與基體材料牢固結合的塗覆層(不是與基體形成新的合金表層)。此項技術常用於一些貴金屬或重要零件的有效使用方面。

例如,對鎳基合金渦輪葉片、利用雷射塗覆鈷基合金後,可提高葉片的耐熱、耐磨耗性能,與傳統的熱噴塗方法相比,縮短了生產時間,品質穩定,且消除了由於熱作用導致的裂紋。

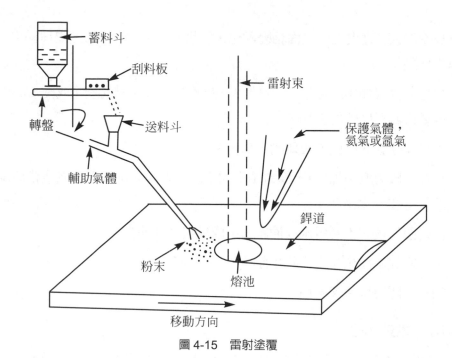

蓄料斗

刮料板

雷射束

轉盤

送料斗

保護氣體，
氦氣或氬氣

輔助氣體

銲道

粉末

熔池

移動方向

圖 4-15　雷射塗覆

4-7-1-3　雷射表面熔覆

　　雷射能把高融點覆面(cladding)合金包覆於低融點母材。覆面材常用以 Co，Ni，鐵爲基材的合金。單一覆面合金不耐磨耗、衝擊、腐蝕等，覆面合金的選擇取決於使用條件、母材金屬、覆面的過程、價格，商業上可利用的覆面合金爲鑄物的棒、線材、粉末，它們在母材表面以雷射熔融，調整條件使之自由擴展於母材表面後凝固。在此調整的覆面條件下，雷射束熔化加工物表面的極薄層，此薄液體層與液體的覆面合金混合、凝固後，母材與覆面形成金屬結合。

4-7-1-4　雷射非晶化

　　雷射非晶化是用高功率雷射光快速加熱材料表面、借助材料本身的熱傳導快速冷卻而直接得到表面非晶態的技術，這項技術融合了高功率雷射光的表面

選區加工特點和非晶態金屬合金的優良性能。

4-7-1-5　雷射衝擊硬化

雷射衝擊硬化是用功率密度極高的雷射(10^8 W/cm^2)在極短的時間內(20～40ns)，將金屬材料表面加熱到足以使其汽化的溫度，由於其表面突然汽化，可產生高達 105 個大氣壓力，足以使金屬材料表面產生強烈的塑性變形，使雷射衝擊波作用區的顯微組織呈現複雜的差排。這種組織能明顯提高材料的表面硬度、降伏強度以及疲勞壽命，從而使材料性能大為改善。

■ 4-7-2　雷射打孔

對幾乎任何材料的小孔、窄縫等進行微細加工和精密加工是雷射束加工的主要應用領域，目前在生產上已應用於火箭發動機和柴油機的燃料噴嘴加工。化學纖維噴絲頭打孔，鐘錶及儀表中的寶石軸承打孔，金剛石拉絲模加工，積體電路碳化鎢劈刀引線小孔加工等方面。雖然，影響雷射束打孔的因素很多，不易達到高精度和低表面粗糙度。但是，以釹玻璃雷射打孔機，可使打孔精度不斷提高和穩定。對於 0.025～0.09mm 的小孔，誤差可控制在±0.005mm 以內；對於φ0.10～1.0mm 的孔，誤差可控制在 ±0.015mm。若使用雷射脈衝超音波打孔，可大幅度提高雷射束打孔的精度和降低表面粗糙度，尤其是打孔表面粗糙度可由一般雷射束打孔的 Ra3.2～1.6μm 降低到 Ra1.6μm 以下。

雷射打孔可用 YAG 及 CO_2 雷射，前者的振盪波長比後者短，可用於微細加工。各種材料對光的反射、吸收特性都不同，所以不同雷射光對不同材料加工有著不一樣的難易性和可行性，某些金屬對遠紅外線有很高的反射率，金、銅、鋁等金屬難以用 CO_2 雷射加工，尼龍天然寶石等用 YAG 雷射也不好加工。一般來說遠紅外線雷射適合加工非金屬，而近紅外線和可見光雷射適合加工金屬材料。雷射開孔的加工特點如下：

1.　材料不與加工機接觸之非接觸性加工。

2. 開孔孔徑容易控制。

3. 微小孔徑的開孔能在百分之幾秒的短時間內完成。

4. 開孔深度與孔徑比值大。

5. 也能進行高硬度、高融點材料的開孔。

6. 彎曲不平、脆質材料的開孔也容易加工。

■ 4-7-3 雷射切割

4-7-3-1 雷射切割的特性

　　雷射切割係採用連續或重複脈衝工作方式，切割過程中雷射束邊照射，邊與工件作相對移動。雷射束切割的切縫窄、切割邊緣品質好、噪音小，幾乎無切割殘渣。雷射束切割速度快，成本也不高，雷射束切割的熱切口區小。由於雷射輻射能以極小的慣性快速偏轉，又能切割任意形狀，因此，雷射束可用於各種材料的切割。例如，採用同軸吹氧方式切割金屬材料，可提高切割速度和切口品質；切割紙張、木材等易燃材料時，可採用同軸吹保護氣體，如：二氧化碳、氬氣、氮氣等，能防止燒焦和切口縮小；採用噴氣切割塑料時，切縫寬可控制在 0.025mm 以下，且切口平直、光潔；切割陶瓷、玻璃、石英等脆性材料時，採用熱應力切割；對布料、紙張還可作分層切割，切口邊沿光滑。製衣時可不再縫邊。表 4-3 和表 4-4 分別列出切割金屬、非金屬材料約有關數據。

表 4-3　二氧化碳雷射器切割金屬材料的有關數據

材料	厚度(mm)	功率(kW)	切割速度(m/min)
鋁	6.4	3.8	1.0
鎳合金	12.7	11.0	1.2
300 不銹鋼	3.2	3.0	2.5
低碳鋼	3.2	3.0	2.5
鈦	6.4	3.0	3.6

表 4-4　二氧化碳雷射器切割非金屬材料的有關數據

材料	厚度(mm)	切割速度(m/min)	雷射功率(W)	噴吹氣體
石英	3	0.43	500	N_2
陶瓷	1	0.392	250	N_2
聚四氟乙烯	16	0.075	250	N_2
壓制石棉	6.4	0.76	180	空氣
照相紙	0.33	28.8	60	空氣
皮革	3	3.05	225	空氣
軟木	25	2	2000	N_2

　　大型雷射束切割機均採用 CNC 控制或做成切割機器人。小型雷射束切割機功率僅 4W，像玩具手槍那麼大，可切割紙張、皮革、薄金屬片等，使用很方便。新的雷射切割技術不斷出現，如水冷式雷射切割、高功率 CO 雷射切割、紅外—紫外雙波雷射切割等。

4-7-3-2　雷射切割的分類

1. 汽化切割

   在高功率密度雷射束加熱下，材料表面溫度升至準點溫度的速度很快，可避免熱傳導造成的熔化，所以部分材料汽化爲蒸氣，部分材料被噴出物從切縫底部被輔助氣體吹走，這種切割機制需要 $10^8 \, \text{W/cm}^2$ 左右的高功率密度，一些不能熔化的材料就是透過這種汽化切割。

   在切割過程中，蒸氣會帶走熔化質點和沖刷碎屑，形成孔洞。汽化過程中，大約 40%的材料變成蒸氣散去，而有 60%左右的材料是以熔滴形式被氣流吹走。

2. 熔化切割

   當雷射束功率密度超過某一定值時，光束照射點處材料內部開始蒸發，形成孔洞。一旦這種小孔形成，將成爲黑體而吸收所有的入射光束能量。小孔被熔化金屬壁所包圍，然後與光束同軸的輔助氣流把孔洞周圍的熔融材料去除。熔化機制切割所需的雷射功率密度大約在 $10^7 \, \text{W/cm}^2$ 左右。隨著工件移動，小孔按切割方向同步橫移形成一條切縫。一般熔化切割多使用惰性氣體。

3. 氧化熔化切割

   如果以氧氣或其他活性氣體替代惰性氣體，材料在雷射束照射下被點燃，與氧氣發生激烈的化學反應而產生另一熱源，稱爲氧化熔化切割。

4. 控制斷裂切割

   對於易受熱破壞的脆性材料，利用雷射束加熱進行高速且可控制的切斷，稱爲控制斷裂切割。其原理爲當雷射束加熱脆性材料小塊區域時，在該區域產生大的熱梯度和嚴重機械變形，導致材料形成裂縫。只要保持一定的加熱梯度，雷射束可引導裂縫在任何需要的方向產生。這種控制斷裂切割機制不適用切割銳角和角邊切縫；切割特大封閉外形也不容易獲得成功。此種切割加工不需太高功率，否則會引起工件表面熔化，破壞切縫邊緣

4-7-3-3　雷射切割的加工參數

影響雷射切割品質的因素很多，主要由以下加工參數構成。

1.　切割速度

材料的切割速度與雷射功率密度成正比，即增加功率密度可提高切割速度。切割速度同樣與被切材料的密度(比重)和厚度成反比。

2.　焦點位置

雷射光束聚焦後光斑大小與透鏡焦距成正比，光束經短焦距透鏡聚焦後光斑尺寸很小，焦點處功率密度很高，對材料切割很有利；其缺點是焦距很短，調節餘量小，一般比較適於高速切割薄型材料。對厚工件來說，由於長距長透鏡有較寬焦深，只要具有足夠功率密度，用來對它切割比較適合。當焦點處於最佳位置時，割縫最小，效率最高，最佳切割速度可獲得最佳切割結果。

3.　輔助氣體壓力

一般雷射切割時都需要使用輔助氣體，通常氣體與雷射束同軸噴出，以保護透鏡免受污染並吹走切割區底部之熔渣。對非金屬材料和部分金屬材料，使用壓縮空氣或惰性氣體，清除熔化和蒸發材料，同時抑制切割區過度燃燒。對大多數金屬雷射切割則使用活性氣體(主要是氧氣)，形成與熾熱金屬發生氧化放熱反應，這部分附加熱量可提高切割速度 $1/3 \sim 1/2$。

4.　雷射輸出功率

雷射功率大小和模式好壞會對切割有重要影響。加工時，常設定最大功率以獲得較高的切割速度，或用以切割較厚材料。

■ 4-7-4　雷射銲接

雷射銲接是利用雷射束聚焦到工件表面，使輻射作用區表面的金屬"燒熔"粘合而形成銲接接頭。因此，雷射束銲接所需要的能量密度較低(一般為

$10^4 \sim 10^6$ W/cm^2)，通常可採用減小雷射輸出功率來達成。另外亦可以調節焦點位置方式來減小工件被加工點的能量密度。

雷射束銲接具有如下特點：

1. 雷射照射時間短，銲接過程極為迅速，它不僅有利於提高生產率，而且被銲材料不易氧化、銲點小、銲縫窄、熱影響區小，故銲接變形小、精度高。適用於微型、精密、排列密集、受熱敏感的銲件。

2. 雷射束不與被銲材料接觸，也不產生銲渣，不需要去除工件的氧化膜，故可以銲接難以接近的部位，甚至可以透過透明材料進行銲接。適用於絕緣導體、微型儀器儀表、微電子元件、積體電路內外引線等的銲接。

3. 可銲接同種金屬，也可銲接異種金屬，甚至還可銲接金屬與非金屬材料。可以進行薄片間的銲接、絲與絲之間的銲接，也可進行薄膜銲接和縫銲。適用於其他銲接方法難以或無法進行的銲接。

雷射束銲接的厚度，可從零點幾毫米到 20mm、銲接速度為 10～1000mm/s。在汽車製造業，車身部件及其組裝均已採用雷射束銲接逐步取代傳統的電阻點銲；汽車上各種材料、厚度的車門框也等都採用雷射束銲接。在電子工業，採用 YAG 雷射器銲接顯像管電子槍，並用於生產線上；積體電路引線、繼電器、微機鍵盤字鍵等採用雷射銲接均已在使用之中。

雷射深熔銲是雷射銲接的一種形式，在高密度雷射光束照射下，材料會蒸發形成小孔，這個充滿蒸氣的小孔幾乎會吸收入射光的能量，孔內平均溫度約25000℃左右。熱量從這個高溫孔腔外壁傳出來，使四周的金屬熔化。小孔周圍包圍著熔融金屬，液態金屬四周即圍著固體材料。光束不斷進入小孔，小孔外材料隨著光束移動，小孔處於穩定狀態。也就是說，小孔和圍著孔壁的熔融金屬隨著前導光束前進速度向前移動，熔融金屬充填著小孔移開後留下的空隙並冷卻凝固，形成銲縫。

■ 4-7-5　雷射標記

4-7-5-1　雷射標記的原理

　　雷射標記是用雷射光束在工件表面打上永久的標記，其原理有三種：一是表層物質受熱蒸發而露出底層物質，二是經由雷射光照射使表層物質產生變化而露出痕跡，或是通過雷射光能燒掉部分物質，顯出所需刻蝕的圖案。

　　常用雷射標記有兩種方式：

1.　熱加工：具有高能量密度的雷射光束，照射在加工材料表面上，材料表面吸收雷射能量，在照射區域內發生熱激發過程，從而使材料表面溫度上升，產生變態、熔融、燒蝕、蒸發等現象。

2.　冷加工：具高負荷能量的紫外線，可切斷材料或周圍介質內的化學鍵，使材料發生非熱過程破壞。冷加工在雷射標記加工中具有特殊的意義，因為它不是熱燒蝕，而不產生「熱損害」副作用、切斷化學鍵的冷玻璃，因而對加工表面的裡層和附近區域不產生加熱或熱變形等作用。

4-7-5-2　雷射標記的特點

　　雷射標記加工的優點如下：

1.　雷射是以非機械式進行加工，對材料不產生機械應力，無「刀具」磨損問題。

2.　可在大氣中或保護氣體中進行加工。

3.　雷射光束很細，加工材料的消耗小。

4.　雷射能量密度大，加工時間短，熱影響區小、熱變形小。

5.　加工面品質優良。

6.　配合精密工作台能進行精細微加工。

7.　能進行自動化加工。

8.　能標記條形碼、數字、字元、圖案等標誌，不易被人仿冒。

9.　不會對加工區以外的材料產生燒蝕作用或產生熱變形。

4-7-5-3　雷射標記方法

雷射標記常用的方法有三種：掩模式標記法、點陣式標記法、線性掃描式標記法。

1. 掩模式標記法

雷射光經校正後呈平行光，射向刻有圖案的掩模板，雷射光從挖空的圖案射出，經聚光鏡後在材料表面上形成按要求比例縮小的圖案，並在表面上燒蝕出所需的圖案。隨雷射的功率密度大小或掩模製做的不同，一個雷射脈衝就可標記出所繪圖案。如圖 4-16 所示。

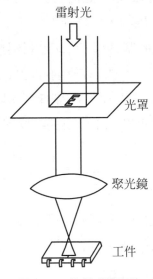

圖 4-16　掩模式標記法

2. 點陣式標記法

使用一台或幾台小型雷射器同時發射脈衝，經反射鏡和聚焦透鏡後，使一個或多個雷射脈衝在被標記材料表面上燒蝕(熔化)出大小及深度均勻而細小的小凹坑($d = 15\,\mu m$)，每個文字、圖案都是由這些小圓黑凹坑點構成的，一般是豎筆劃 7 個點，橫筆劃 5 個點(如圖 4-17 所示)的 7×5 陣列。

圖 4-17　點陣式標記法

3. 線性掃描式標記法

掃描式標記法是將雷射光入射在兩反射鏡上，利用電腦控制掃描反射鏡，此兩反射鏡可分別沿 X−Y 軸掃描，在一確定的面上打出數字、文字、圖形，原理如圖 4-18(a)、(b)所示。一般可標記出 50×50mm 或 100×100mm 面積，可標記出各種文字、圖案、圖像。

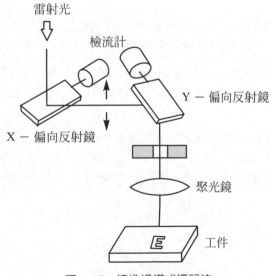

圖 4-18　線性掃描式標記法

■ 4-8 安全與防護

　　使用雷射加工設備時由於雷射光的熱能非常大,萬一雷射光直接或間接地接觸到作業者的眼睛,會造成眼睛傷害甚至失明。若強雷射光照射到皮膚時,皮膚會燙傷,造成紅腫或脫皮的現象。目前,美國已制定了雷射作業安全標準,此標準是依雷射輸出力的大小,波長、密閉度等將雷射分為 4 等級,由第 1 級到第 4 級,如表 4-4 所示。依此分類,連續輸出力 0.5W 以上的雷射屬於第 4 級,目前大部份的雷射加工機是屬於第 4 級。

表 4-5　雷射危害等級與防護要求

級別	對人體損傷程度	防護要求
第一級	雷射器在任何工作條件下發出的能量或功率對人體不會造成傷害,如毫瓦級氦氖雷射器	不需防護,但雷射束不宜長時間直射眼內
第二級	雷射器在某些工作範圍內發出的能量或功率,可以給人眼的視網膜造成傷害	需要採取防護如戴雷射防護眼鏡雷射束不能直射入眼
第三級	雷射器發射的雷射束直射或反射到人體,可造成傷害,如通過光學聚焦,可導致失明,及皮膚灼傷	雷射器封閉,操作者戴雷射防護鏡,加工金屬零件不得直視工件
第四級	雷射器發出的雷射束直接或間接輻射照到人體都可以造成灼傷,和使眼睛受傷或失明,可直接引燃木材等易燃物造成火災	雷射器封閉,安裝工作指示燈,加工區與操作人員隔離,操作人員載防護鏡

習 題

1. 試述雷射加工之原理 。

2. 說明雷射加工的應用實例。

3. 說明雷射加工的優缺點。

4. 雷射為什麼比普通光有更大的瞬時能量和功率密度?

5. 試述雷射如何從電能轉換為光能又轉換為熱能來蝕除材料?

6. 固體、氣體等不同雷射器的能量轉換過程是否相同?如不相同，則具體有何不同?

7. 不同波長的光線轉換為熱能的效率有何不同?

8. 說明一下自己對於雷射加工非金屬材料的想法，並列出幾種可能的應用。

非傳統加工

NONTRADITIONAL MACHINING

電子束加工

電子束加工(Electron Beam Machining，簡稱 EBM)，是利用能量密度極高的高速電子細束的熱效應或電離效應對材料進行的加工，使材料熔化、蒸發、汽化以達到加工目的，這種加工是屬於熱加工。隨著電子及微機電技術的發展，大量的元件需要微細、次微米，甚至奈米加工，以目前之加工技術而言，最適當之加工方法就是電子束加工。

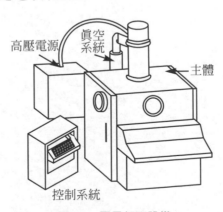

圖 5-1　電子加工設備

■ 5-1 電子束加工的基本原理與分類

電子束加工機之外觀如圖 5-1 所示，其加工原理是在壓力爲 10^{-4} 至 10^{-6} Torr 的高眞空環境下，利用電流加熱陰極產生電子束，經過加速、電磁透鏡聚焦，形成高速度、高能量密度($10^6 \sim 10^9$ W / cm^2)的電子束流，衝擊到工件表面的極小面積上(0.1 μm 至數十 μm 半徑)，在幾分之一微秒時間內，將大部分動能轉變爲熱能，使被衝擊部分的工件區域達到攝氏幾千度以上的高溫，將材料產生局部熔化、汽化和蒸發，而被眞空系統抽離，以達到加工目的。

在加工過程中，只要控制電子束能量密度的大小和加工時間，則可以達到不同的加工目的，例如：材料局部加熱，則可進行電子束熱處理；材料局部熔化，則可進行電子束銲接；提高電子束能量密度使材料熔化和汽化，就可進行打孔、切割等加工；利用較低能量密度的電子束衝擊高分子材料，使其分子鏈切斷或重新聚合，即可進行電子束曝光。圖 5-2 所示係對電子束加工進行詳細之分類，而根據電子束能量大小可粗分爲熱加工及非熱加工兩種，其後本章節再依其功能做更進一步之細分及說明。

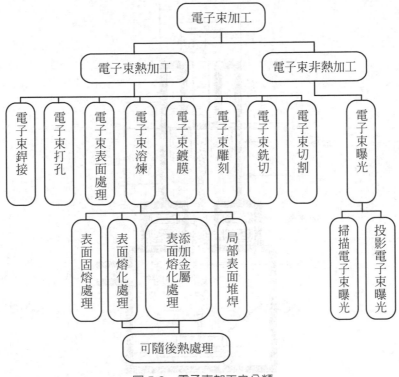

圖 5-2　電子束加工之分類

■ 5-2　電子束的加工裝置

　　電子束的加工裝置如圖所示 5-3 所示，主要由電子槍、真空系統、控制系統和電源系統等四部分所組成。

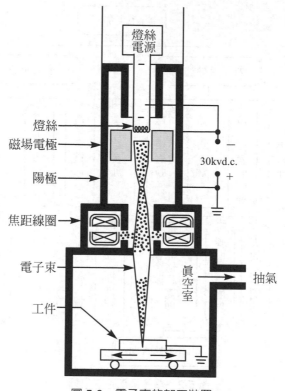

圖 5-3　電子束的加工裝置

1.　電子槍

電子槍是用來發射高速電子流、完成電子束預聚焦和控制發射強度的裝置。構件主要包括電子發射陰極燈絲、控制柵極和加速陽極三部份。經過加熱的陰極燈絲發射出電子束，帶負電之電子束高速飛向帶正電位之陽極，在飛向陽極的過程中經過加速柵極的加速，又通過電磁透鏡的聚焦作用將電子束聚焦成很小之束流。

發射陰極一般由鎢或鉭製作，在加熱狀態下發射電子流，大功率時常以鉭作成塊狀電極，小功率時則用鎢或鉭作成絲狀電極。控制柵極為中間有孔之圓筒形，通以較陰極為負的偏壓，使其能夠控制電子束的強弱，還可對電子束初步聚焦。

2. 真空系統

   只有在真空系統下，電子才能避免與空氣分子產生碰撞，達成高速飛行運動。此外在加工時所產生的金屬蒸氣會造成不穩定之電子發射，亦需隨時以真空去除。電子束加工所需真空度一般在 $1.3 \times 10^{-2} \sim 1.3 \times 10^{-4}$ Pa 之間。抽真空時，一般先用機械旋轉泵把真空室抽至 $1.3 \sim 0.13$Pa 的真空度，然後再用擴散泵抽至 $1.3 \times 10^{-2} \sim 1.3 \times 10^{-4}$ Pa 的高真空度。

3. 控制系統和電源系

   電子束加工控制系統包括束流聚焦控制、束流位置控制、束流強度控制與工作台位移控制等。束流聚焦控制是為了提高電子束的能量密度，使其聚焦成為很小之束流，此束流基本上基本上將決定加工點之孔徑或線寬。聚焦的方式有兩種，一種是利用高壓靜電場使電子流聚焦成細束，另一種是利用電磁透鏡以磁場聚焦成細束。為了消除像差與或獲得更細的焦點，常使用第二次聚焦。所謂電磁透鏡實際上是一個電磁線圈，通電後產生磁場，此磁場軸向與電子束中心線平行，磁場徑向則與中心線垂直。根據左手定則，電子束在前進運動中切割徑向磁場將產生圓周運動，而在圓周運動時在軸向磁場中又將產生徑向運動，所以實際上每個電子的合成運動為一半徑愈來愈小的空間螺旋線而聚焦於一點。

   工作台位移控制是為了在加工過程中控制工作台的位置。因為電子束的偏轉距離只能在數毫米之內，過大時將產生像差和影響線性。因此在大面積之加工時需使用伺服控制系統來移動工作台，並與電子束的偏轉相配合。

■ 5-3　電子束加工的特點

電子束加工具有之特點如下：

1. 電子束的直徑能夠聚焦到 0.1μm，加工面積小，可以加工任何材料之微孔、窄縫，所以是一種精密微細的加工方法。

2. 電子束能量密度很高，可使材料衝擊部位的溫度超過材料的熔化和氣化溫度，使材料瞬時蒸發而得到加工目的。加工過程屬非接觸式加工，工件不受機械力的作用，不會產生應力和變形。加工材料範圍很廣，對脆性、韌性、導體、非導體及半導體材料都可加工。

3. 電子束的能量密度高，加工速度很快，能量使用率可高達 90%。

4. 利用磁場或電場對電子束的強度、位置、聚焦等直接控制，整個加工過程可自動化。特別是在電子束曝光中，從加工位置到加工圖形的掃描，都可自動化進行。在電子束打孔和切割時，可以透過電氣控制方式加工異形孔與曲面弧形切割等。

5. 電子束加工係在真空腔中進行，污染少，材料加工表面不氧化。特別適用於加工易氧化的金屬及合金材料，以及純度要求極高的半導體材料。

6. 電子束加工需要一整套專用設備和真空系統，價格較貴。

■ 5-4　各種電子束加工方法

■ 5-4-1　電子束銲接

5-4-1-1　電子束銲接的特點

電子束銲接是利用聚集的高速電子衝擊工件接縫處，電子的動能轉變為熱能，使金屬迅速熔化和蒸發。在真空壓力作用下熔化的金屬被排開，電子束繼

續撞擊深處的固態金屬,很快在被銲工件上加工出一個鎖形小孔,小孔的周圍被液態金屬包圍。隨著電子束與工件的相對移動,液態金屬沿小孔周圍流向熔池後部,逐漸冷卻、凝固形成了銲縫。圖 5-4 所示為電子束銲接之銲縫示意圖。

電子束銲接具有下列主要優點:

1. 電子束穿透能力強,銲縫深寬比大,可達到 60：1。銲接厚板時可以不開斜口實現單道銲,比電弧銲可以節省輔助材料和能源的消耗。

2. 銲接速度快,熱影響區小,銲接變形小。對精密的工件可安排至最後加工程序,銲接後工件仍保持足夠高的精度。

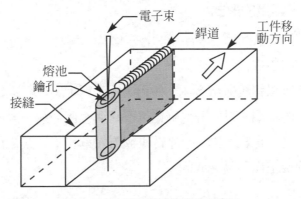

圖 5-4　電子束銲接之銲縫示意圖

3. 電子束銲接不僅可以防止熔化金屬受到氧、氮等有害氣體的影響,而且有利於銲接時金屬的除氣和淨化,因而特別適於活潑金屬的銲接。

4. 電子束在真空中可以進行遠距離的銲接,因而可銲接難以接近部位的接縫。

5. 控制電子束的偏移,可實現複雜接縫的自動銲接。可透過電子束掃描熔池來消除缺陷,提高接頭品質。

電子束銲接的缺點則如下所述：

1. 設備比較複雜、費用比較昂貴。

2. 銲接前對接頭加工、裝配要求嚴格，以確保接頭位置準確、間隙小且均勻。

3. 電子束銲接時，被銲工件尺寸和形狀受到工作室的限制。

4. 電子束易受電磁場的干擾，影響銲接品質。

5. 電子束銲接時會產生 X 射線(放射線)，對操作人員的健康和安全會造成威脅。

5-4-1-2 電子束銲接的形式

電子束銲接的形式如圖 5-5 所示，有多層銲、鉚銲、填角銲和單道銲等滿足多種不同金屬結構銲接加工形式。

電子束銲接可以銲接難熔金屬，如鉭、鈮、鉬等，也可以銲接鈦、鋯、鈾等化學活性較強的金屬。對於普通碳鋼、不銹鋼、合金鋼、銅、鋁等各種金屬也能以電子束銲接。電子束還能進行異種金屬如銅和不銹鋼之間的銲接，而這種銲接是一般銲接工作不易達成的。

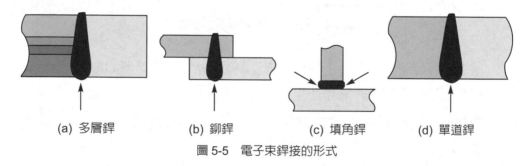

(a) 多層銲   (b) 鉚銲   (c) 填角銲   (d) 單道銲

圖 5-5　電子束銲接的形式

■ 5-4-2　電子束打孔

電子束打孔是利用極高能量密度($10^7 \sim 10^8$ W/cm²)的電子束衝擊材料，使材料汽化，而實現鑽孔目的。

　　表 5-1 所示爲電子束打孔的過程，要加工的材料需黏在輔助材料上面。打孔時金屬熔化的過程與電子束銲接相似。當穿透過工件，射到輔助材料時，輔助材料會急速汽化、破裂，使熔化的物體沿著工件孔道噴出去，形成小孔。所以要得到所需的孔，輔助材料很重要。輔助材料的要求是有塑性，並含有高蒸發元素的材料例如黃銅粉。

表 5-1　電子束打孔過程

階段	示意圖	加工過程描述
電子束打到材料表面	電子束　工件　輔助材料	材料表面受到電子束衝擊開始熔化，並汽化
電子束打到材料內部		這時材料汽化形成氣泡，破裂後隨著蒸汽溢出，形成空穴
電子束貫穿材料		繼續受到電子束的作用，電子束貫穿工件
電子束打到輔助材料產生噴射		電子束衝擊到工件下面的輔助材料，使其急速蒸發，產生噴射，將工件的空穴周圍殘留熔化材料吹出，完成了打孔過程

電子束打孔具有下列的特點：

1. 可加工微細的孔，目前最小加工直徑可達 0.003mm 左右。

2. 適合加工深孔，孔的深徑比大於 10：1，其深度亦可達 10 公分以上。

3. 孔徑誤差很小，正負 5%以內。

4. 適合硬度高的材料打孔，例如玻璃、陶瓷、寶石等脆硬材料，但爲避免溫度梯度大所引起的破裂，在加工前宜先將工件適度加熱。

5. 可打斜度的孔，傾斜角可達 15°。

6. 可加工各種直的型孔和成型表面，另外亦可以加工彎孔和立體曲面。如圖 5-6 所示之人造絲噴絲頭之異型孔亦可加工。

7. 加工速度快，孔的密度可連續變化，其孔徑大小以可隨時調整。

圖 5-6　以電子束加工之人造絲噴絲頭異型孔

■ 5-4-3　電子束表面改質處理

　　如圖 5-7 所示，利用電子束能量的不同，可以對材料表面加熱而不熔化，而達到表面改質處理之目的。其方法是用電子束將工件表面加熱至相變化溫度以上，再快速冷卻。由於電子束加熱及冷卻速度快，沃斯田鐵轉變時間僅有幾分之一秒或更短時間，因此可以得到比一般熱處理更細之晶粒組織。另外若進行表面熔化處理，可以添加其他成分合金，增加了材料的耐蝕性、韌性等要求。表 5-2 所示為表面改質處理和表面熔化處理的比較。

表 5-2　表面改質處理和表面熔化處理的比較

項目	電子束表面改質處理(EBT)	電子束表面熔化處理(EBFT)
能量密度(W/cm^2)	小於 10^3	$10^4 \sim 10^6$
材料	含碳量 45%以上的鋼、低合金鋼、灰口鑄鐵、球墨鑄鐵等	高合金鋼、特殊鋼、鋁合金鈦合金、灰口鑄鐵、球墨鑄鐵等
加工特點	加熱和冷卻的時間極快，淬火溫度比正常熱處理高，晶粒細小、表面的硬度比正常熱處理高。	適合高合金與特殊鋼的熱處理，可提高高溫疲勞強度約 45%

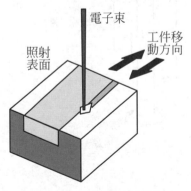

圖 5-7　電子束表面改質處理

■ 5-4-4　電子束熔煉

電子束熔煉是利用電子束衝擊金屬錠，使金屬熔化，然後在坩堝中凝固結晶，原理如圖 5-8 所示。電子束熔煉的特點如下：

1. 能得到密度極高的金屬。
2. 可熔高熔點的金屬。
3. 沒有電弧的產生。

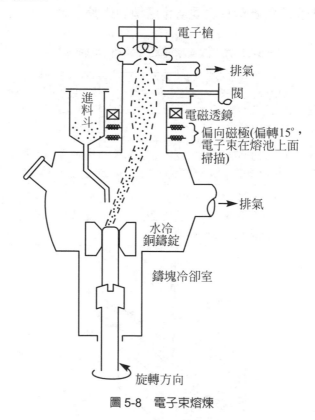

圖 5-8　電子束熔煉

■ 5-4-5　電子束曝光

利用功能密度較小的電子束流照射高分子材料，由於電子與高分子材料碰

撞，使分子的鏈結被打斷或重新聚合而引起化學變化，這個過程稱電子束曝光。表 5-3 爲電子束曝光成像的原理。

　　電子束曝光分爲掃描式電子束曝光與投影式電子束曝光兩種，其中，以電子束的移動或工作台的移動，直接將電子束打在高分子材料上，完成曝光稱爲「掃描式曝光」；其次，若電子束通過一片圖案模板的空洞位置，再將底下之高分子曝光，形成與模板相同之圖案，則是「投影式電子束曝光」。

表 5-3　爲電子束曝光成像的原理

名稱	電子光束	束斑成像的描述	特點
圓形束	電子槍 光閘1 透鏡1 向平面A 透鏡2 向平面B 光閘2 末端透鏡 工件	電子槍發出的電子聚焦成圓形的束斑，其電子流的密度分佈成高斯圓。打到工件時電子束的直徑爲 $0.1\mu m \sim 1\mu m$，且連續可變化。	束斑的大小容易調整，精細。
方形束	電子槍 透鏡1 光閘1 透鏡 光閘2 透鏡2 末端透鏡 工件	以電子槍交叉截面作爲電子源，照射在方形的光閘上，形成方形的電子束，在工件上形成 $2.5\mu m$ 的方形束斑。	方形束源的尺寸精度由光閘的方孔尺寸精度決定，曝光面積大，是圓形束的 25 倍，但曝光線不爲束斑尺寸的整數倍時會有重疊區。

表 5-3　為電子束曝光成像的原理 (續)

名稱	電子光束	束斑成像的描述	特點
可變的成形束	電子槍 光閘1 透鏡1 方形束流 偏轉器1 光閘2 矩形束流 透鏡2 偏轉器2 工作上的圖形	光閘1和光閘2為方孔，所以通過電子束成為方形，兩光閘中和光閘2下面有一套偏轉系統使電子光束的形狀和尺寸可以改變。第一次偏轉是用來確定束斑形狀和尺寸，第二次偏轉用來確定束斑在工件的位置。	曝光速度為方形束的2倍以上。

■ 5-4-6　電子束蝕刻

電子束蝕刻是利用電子束的熱加工原理，對工件進行類似銑切的加工，可以在金屬、玻璃、石墨、和塑膠等材料上進行蝕刻溝槽、孔、窄縫等，亦可以用電子束局部蒸發的方法，在已經電子束鍍膜的薄膜進行蝕刻。其原理如圖5-9所示。

電子束蝕刻之優缺點如下：

1. 優點：精度高、切面光滑、加工速度快、加工過程由電腦控制，不用擔心刀具的磨耗跟夾具的問題，故加工形狀不受限制。
2. 缺點：設備複雜、加工成本高。

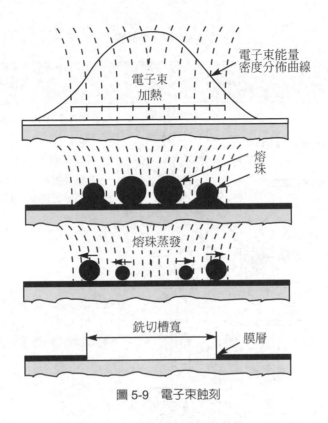

電子束能量
密度分佈曲線

電子束
加熱

熔珠

熔珠蒸發

銑切槽寬

膜層

圖 5-9　電子束蝕刻

■ 5-4-7　電子束鍍膜

　　電子束鍍膜是利用電子束加工會產生熱能的特性，將放在水冷式坩堝中的蒸發材料蒸發而沈澱在基片上，得到一層鍍膜。其方法如表 5-4 所示。

表 5-4 電子束鍍膜

加工方式	示意圖	說明
直槍	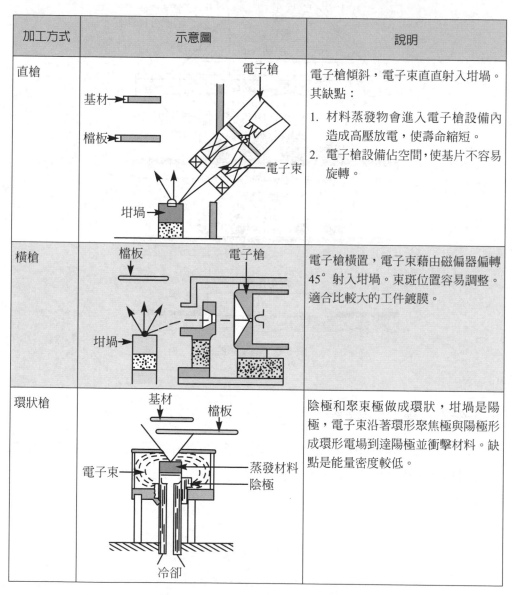	電子槍傾斜,電子束直直射入坩堝。其缺點: 1. 材料蒸發物會進入電子槍設備內造成高壓放電,使壽命縮短。 2. 電子槍設備佔空間,使基片不容易旋轉。
橫槍		電子槍橫置,電子束藉由磁偏器偏轉45°射入坩堝。束斑位置容易調整。適合比較大的工件鍍膜。
環狀槍		陰極和聚束極做成環狀,坩堝是陽極,電子束沿著環形聚焦極與陽極形成環形電場到達陽極並衝擊材料。缺點是能量密度較低。

表 5-4　電子束鍍膜 (續)

加工方式	示意圖	說明
E 形槍		跟環形槍類似，但陰極不是環形，電子束偏轉 270° 射到陽極(坩堝)。 優點是工作穩定、功率大、坩堝容量大、電子束可以在 X、Y 軸做掃描、蒸發速度快。

■ 5-4-8　電子束加工中的缺陷及產生原因

表 5-5 所示為在電子束加工中常發生的缺陷及產生的原因。

表 5-5　電子束加工中的缺陷及產生原因

缺陷	產生原因
孔徑不圓	1. 聚焦不良、消像器調整不當 2. 高速打孔時，電子束的動作跟工件的動作不同步 3. 材料的材質不均勻
造成錐孔或喇叭孔	1. 電子束脈衝調整不當，能量不夠或過大 2. 打孔時，聚焦的調整與脈衝不同步
孔徑不均勻銑切或曝光線條不均勻	1. 高壓、束流、脈衝寬度、聚焦等不穩定，造成束斑尺寸或能量波動 2. 控制線路或電腦工作不穩定 3. 傳動速度不穩定 4. 材料的材質不均勻 5. 受到外部磁場的影響

表 5-5　電子束加工中的缺陷及產生原因 (續)

缺陷	產生原因
曝光圖形模糊、變形、線條分辨率低	1. 電子光學系統沒有調整好 2. 對鄰近的效應校正不足 3. 曝光劑的量不足 4. 抗蝕劑與基片選擇不當 5. 基片彎曲 6. 定位、圖形拼接及套準等精度不良 7. 外部的干擾

■ 5-5　電子束安全防護

　　電子束加工設備主要會產生的危險會有：輻射線、觸電、強光、廢氣及噪音等。其危害來源及相關應進行之防護措施如表 5-6 所示。

表 5-6　電子束加工危害來源及相關防護措施

	危害來源	防護措施
輻射線	電子束撞擊到金屬、氣體、金屬蒸發的氣體時，會產生 X 射線	放電子束加工的地方改為輻射屋
觸電	碰到運作中的高壓或絕緣性低的電器，可能會觸電	所有的設備都要有接地裝置，防止絕緣裝置受到潮濕
強光	熔化的金屬會發出強光，對眼睛有害	不要直接對著熔化部位看，或戴有防止紫外線的防護鏡
廢氣	於非真空及低真空設備內加工會產生臭氧、氧化氮及一些有害的氣體	工作現場要有良好的通風系統，真空泵的排氣口接到室外
噪音	抽真空的泵、分子泵及一些設備等發出的噪音	對於一些會發出較大噪音的設備加裝隔音設備

習 題

1. 試述電子束加工之原理。

2. 電子束加工有那些用途?

3. 電子束加工和雷射加工相比，各自的適用範圍如何?

4. 電子束加工裝置和示波器、電視機的原理有何異同之處?

5. 電子束加工中的常發生的缺陷及產生原因為何?

NONTRADITIONAL MACHINING

離子束加工

■ 6-1 離子束加工的基本原理和特點

　　由於電子科技領域急速進步發展，對於微小如離子、電子等微小的粒子可達高精度的控制，因此將此技術應用於非傳統加工上，可以進行超精密的加工製程。

　　離子束加工(Ion Beam Machining，簡稱 IBM)是在真空的條件下先由電子槍產生電子束，再引入已抽成真空且充滿惰性氣體之電離室中使低壓惰性氣體離子化。由負極引出陽離子又經加速、集束等步驟，最後射入工件表面，其作用雖與電子束相似，所不同的是，離子束加工的基本原理是利用質量遠大於電子的離子束做為加工的工具，也由於因為離子帶正電荷且質量是電子的千萬倍，且加速到較高速度時，具有比電子束大得多的撞擊動能，因此，離子束撞擊工件將引起變形、分離、破壞等機械作用，而不像電子束是通過熱效應進行

加工。

　　離子束有集束狀與澆淋狀，前者用於微細開孔、切溝圖案加工，後者用於薄片製造、面加工、利用光罩(mask)的圖案加工，而達到各種不同的效果。

　　離子束加工主要特點如下：

1.　加工的精度非常高，這是由於離子束可以通過電子光學系統進行聚焦掃描，離子束撞擊材料是逐層去除原子，離子束流密度及離子能量可以精確控制，所以離子蝕刻可以達到毫微米(0.001 μm)級的加工精度。離子鍍膜則可以控制在次微米級精度。

2.　由於離子束加工是在高真空中進行，所以污染少，特別適用於加工容易氧化的金屬，合金材料和半導體材料的加工。

3.　離子束加工是以離子撞擊材料表面的原子使其剝落，由於是一種微量加工方式，加工壓力很小，所以加工應力、熱變形等極小、加工精度高，適合於對脆性材料、極薄、半導體、高分子材料等進行加工。

4.　離子束加工設備費用貴、成本高，加工效率低，因此應用範圍受到一定限制，但可進行自動化加工。

■ 6-2　離子束加工的分類

　　離子束加工依其目的可以分為包括離子蝕刻、離子鍍膜及離子濺射沉積和離子注入等。蝕刻加工原理如圖 6-1 所示，離子與原子碰撞，發生動量與能量傳遞，使該原子直接或間接脫離材料表面而被除去(圖中之一次或二次濺散)。加工效果除隨離子之速度增加外，離子與原子約相等時為佳，且與碰撞之角度有關。入射角為零度時(碰撞方向與表面垂直)最小，約為 60°時較大。

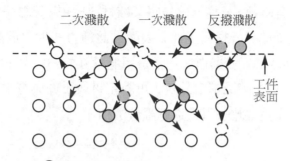

二次濺散　　一次濺散　　反撥濺散

工件
表面

○ 工件材料之原子
● 已經加速用以加工（蝕刻）之離子
○● 分別代表碰撞後之原子及離子

圖 6-1　蝕刻加工原理

　　而蝕刻可分為兩種：濺散蝕刻及離子蝕刻，如下圖 6-2 所示，離子在電漿產生室中即對工件撞擊進行蝕刻，一般稱此種蝕刻方式為濺散蝕刻(Sputter Etching)，通常是用能量 0.5～5KeV 的氬離子加工工件，將工件表層的原子逐層剝離。若為了改善品質及對絕緣材料亦能蝕刻則另有改進之裝置；將離子引至與電漿室分開之加工室，另產生電子使已加速之離子還原為原子而撞擊材料進行蝕刻稱為離子蝕刻(Ion Etching)。

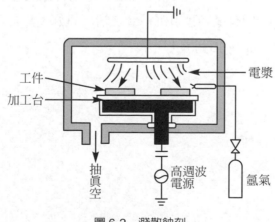

電漿

工件
加工台

抽真空　　高週波電源　　氬氣

圖 6-2　濺散蝕刻

　　鍍膜方式亦有兩種，一種方式是將某種材料為靶，以離子撞擊使其表面原子脫離而附著沉積於另一材料工件之表面，此種方式稱之為濺散沉積(Sputter Deposition)，圖 6-3 簡示其裝置，通常是用能量 0.5～5KeV 的氬離子，撞擊靶材(如金、銅等)。為改善沉積之品質，可將靶材與工件與電漿分隔置於另一室中，再將電漿室產生之離子引入進行濺散沉積。

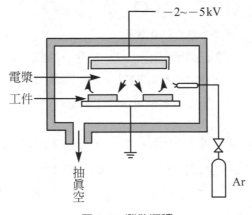

圖 6-3　濺散沉積

　　另一沉積方法不是用電漿中之離子撞擊靶材而鍍於工件表面；而是將欲鍍之材料(靶材)加熱蒸發，使其蒸汽原子在遇到電漿時亦被電離，所生之陽離子再沉積於工件表面，因有電場吸引沉積層之情況良好，背面亦可鍍著。此法稱為離子鍍膜(Ion Plating)，如圖 6-4 所示。

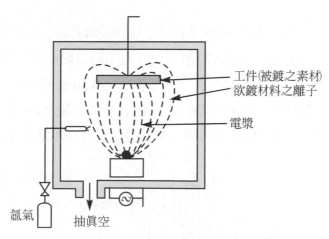

工件(被鍍之素材)
欲鍍材料之離子
電漿

氬氣　抽眞空

圖 6-4　離子鍍膜

　　離子注入也是離子束加工的一種，是用 5～500KeV 能量的磷、硼、氮、碳等離子束直接撞擊工件表面，由於能量夠大，離子直接注入到材料表層，改變工件表面的化學成分，進而改變材料之物理性質，但設備費用大、成本高、生產率較低。

■ 6-3　離子束加工裝置

　　離子束加工裝置與電子束加工裝置相類似，包括了離子槍、眞空系統、控制系統和電源等部分。其中最大的不同是離子槍代替了電子槍。

　　離子束流的產生方法是把要電離的氣態原子(惰性氣體或金屬蒸氣)注入電離室中，藉由高頻放電、電弧放電、等離子體放電或電子撞擊，使氣態原子電離爲等離子體(即正離子數和負電子數相等的混合體)。此時再以一個相對於等離子體爲負電位的電場作用，而可從等離子體中引出離子束流。

　　離子槍有很多型式，其中較常用的有考夫曼型離子槍和雙等離子體型離子槍。

1.　考夫曼型離子槍
　　考夫曼型離子槍如圖 6-5 所示，是由灼熱的燈絲發射電子，電子在陽極的

作用下向下方加速移動，同時受線圈磁場的偏轉作用，作螺旋運動前進。惰性氣體氬氣由進氣口注入電離室，在電子的撞擊下被電離成 Ar⁺和電子，陽極和引出電極(吸極)各有 300 個直徑為 0.3mm 的小孔，上下位置對齊。在引出電極的作用下，將離子吸出，形成 300 條準直的離子束，射向工件進行加工。這種離子槍結構簡單，離子束流均勻且工作直徑大。

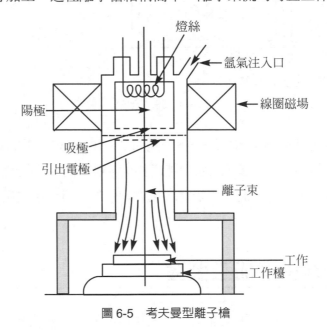

圖 6-5　考夫曼型離子槍

2. 雙等離子體型離子槍

雙等離子體型離子槍如圖 6-6 所示，則是利用陰極和陽極之間低氣壓直流電弧放電，將氬、氖或氙等惰性氣體在陽極小孔上方的低真空中(0.1～0.01Pa)等離子體化。中間電極的電位一般比陽極電位低，它和陽極都用軟鐵製成，因此在這兩個電極之間形成很強的軸向磁場，使電弧放電侷限在這中間，在陽極小孔附近產生強聚焦高密度的等離子體。引出電極將正離子導向陽極小孔以下的高真空區，再通過靜電透鏡形成密度很高的離子束來加工工件表面。

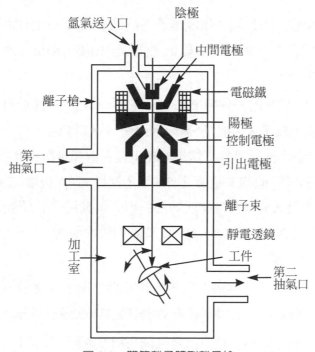

氬氣送入口　陰極

中間電極

離子槍

電磁鐵

陽極

控制電極

第一
抽氣口

引出電極

離子束

加工室

靜電透鏡

工件

第二
抽氣口

圖 6-6　雙等離子體型離子槍

■ 6-4　離子束加工的應用

　　離子束加工因為是以去除原子的方式來加工，其加工量非常小，因此只應用於超精密加工，目前離子束加工的應用範圍在改變零件尺寸和表面機械物理性能方式有：用於從工件去除加工的離子蝕刻加工；用於在工件表面添加的離子鍍膜加工；用於改變工件表面的離子佈植加工等。

1. 蝕刻加工

　　離子蝕刻是從工件上去除材料，當離子束撞擊工件，入射離子的動量傳遞到工件表面原子，當能量超過了工件材料原子間的鍵結力時，工件材料原子就從工件表面撞擊濺射出來，達到蝕刻加工的目的。為了避免入射離子與工件材料發生化學反應，必須用惰性元素的離子。氬氣的原子序數高，

而且價格便宜，所以通常用氫離子進行撞擊蝕刻，由於離子直徑很小(約十分之幾個奈米)，蝕刻的過程是逐個原子剝離，剝離速度大約每秒一層到幾十層原子。

蝕刻加工時，用氫離子撞擊被加工表面時，其效率取決於離子能量和入射角度，因此對離子入射能量、離子束大小、入射角度、以及工作室氣壓等都能分別調節控制，且能根據不同加工需要選擇參數。離子能量從 100eV 增加 1000eV 時，蝕刻率隨能量增加而迅速增加，而後增加速率逐漸減慢。離子蝕刻率隨入射角 θ 增加而增加，但入射角增大會使表面有效束流減小，一般在入射角 θ＝40°～60°此時蝕刻效率最高。表 6-1 為部分材料之離子蝕刻加工速度。

離子蝕刻用於加工陀螺儀空氣軸承和動壓馬達上的溝槽，分辨率高，精度、重覆一致性好。另外加工非球面透鏡亦能達到良好的精度。

離子束蝕刻應用的另一個方面是蝕刻高精度圖形，如積體電路、光電器件和光集成器件等微電子學構件。用離子束撞擊已被機械磨光的玻璃時，玻璃表面 1 μm 左右被剝離並形成極光滑的表面。用離子束撞擊厚度為 0.2mm 的玻璃，能改變其折射率分佈，使其具有偏光作用。此外玻璃纖維用離子來撞擊後可變為具有不同折射率的光導材料。離子束加工還能使太陽能電池表面具有非反射紋理表面。離子束蝕刻還應用於減薄材料，例如製作穿透式電子顯微鏡之試片。

表 6-1　一些材料之離子蝕刻加工速率

靶材料	蝕刻率 / (nm / min)	靶材料	蝕刻率 / (nm / min)
Si	36	Fe	32
AsGa	260	Mo	40
Ag	200	Ti	10

表 6-1　一些材料之離子蝕刻加工速率 (續)

靶材料	蝕刻率　/ (nm / min)	靶材料	蝕刻率　/ (nm / min)
Au	160	Cr	20
Pt	120	Zr	32
Ni	54	Nb	30
Al	55		

2.　離子束鍍膜加工

離子束鍍膜加工有濺射沉積和離子鍍兩種形式。離子鍍時，工件不僅接受靶材濺射來的原子，同時本身還受到離子的撞擊，這可使鍍膜附著力強、膜層不易脫落。這主要是由於鍍膜前離子以足夠高的動能衝擊基體表面，使氧化物去除，提高工件表面的附著力。再者，由工件表面濺射出來的基材原子，有一部份會與工件周圍氣體中的原子和離子發生碰撞而返回工件。這些返回工件的原子與鍍膜的膜材原子同時到達工件表面，形成了膜材原子和基材原子的共混膜層。這混合鍍層的存在，可以減少由於膜材與基材兩者膨脹系數不同而產生的熱應力，增強了兩者的結合力，使膜層不易脫落。

以離子鍍的方法對工件鍍膜時，基板所曝露的表面均能被鍍覆。原因是蒸發物質或氣體在等離子區解離成為正離子，這些正離子能隨電力線運動而移動到負偏基片的所有邊及面。離子鍍可鍍材料範圍廣泛，不論金屬、非金屬表面上均可鍍製金屬或非金屬薄膜，各種合金、化合物、某些合成材料、半導體材料、高熔點材料亦均可鍍覆。

離子束鍍膜技術可用於鍍製潤滑膜、耐熱膜、耐磨膜、裝飾膜和電氣膜等。如氮化鈦膜呈金黃色，它的反射率與 18K 金鍍膜相近，其耐磨性和耐腐

蝕性優於鍍金膜,而且其價格便宜。此外離子鍍裝飾膜還用於工藝美術品的首飾以及金筆套、餐具等的修飾。

離子鍍膜代替鍍鉻硬膜,可減少鍍鉻公害。2～3 μm 厚的氮化鈦膜可代替 20～26 μm 的硬鉻膜。航空工業中可採用離子鍍鋁代替飛機零件鍍鎘。

用離子鍍方法可在切削工具表面鍍氮化鈦、碳化鈦等超硬層,以提高刀具的壽命。在高速鋼刀具上用離子鍍鍍氮化鈦,刀具壽命可提高 1～2 倍。

3. 離子佈植加工

離子佈植是在工件表面直接注入離子,它不受熱力學限制,可以注入任何離子,而且注入量還可以精確控制,佈植離子是固溶在工件材料中,含量可達 10%～40%,注入深度可達 1 μm 甚至更深。

離子佈植常用於半導體的製程上,例如用硼、磷等離子佈植半導體,可以改變導電型式(P 型或 N 型)和製造 P－N 鍵結。

利用離子佈植可以改變金屬表面的物理和化學性能,可以製作新的合金,進而改善金屬表面的抗蝕性能、抗疲勞性能、潤滑性能和耐磨性能等。而表 6-2 為金屬經離子佈植後之改變其表面性能情形。

離子佈植是在非平衡狀態下進行,因此能注入互不相溶的材料而形成一般冶金無法製得的一些新的合金。如將鎢(W)注入到低溫的銅(Cu)靶中,可得到鎢銅(W－Cu)合金等。

離子佈植可以提高材料的耐腐蝕性能,例如把鉻(Cr)注入銅(Cu)中,能得到一種穩態的相,進而改善了耐蝕性能,此外,此法亦還能改善金屬材料的抗氧化性能與改善金屬材料的耐磨性能,例如在低碳鋼中注入氮(N)、硼(B)、鉬(Mo),在磨損過程中,表面局部溫升形成溫度梯度,使注入離子向基底擴散,同時注入離子又被表面的差排捕集,不能推移很深。而在材料磨損過程中,不斷於表面形成硬化層,提高了耐磨性。

表 6-2　注入離子種類及可改變之物理性能

注入目的	注入離子種類	需要能量/KeV	濃度/(離子/cm^2)
耐蝕	B、C、Al、Ar、Cr、Fe、Ni、Zn、Ca、Mo、In、Eu、Ce、Ta、Ir	20-100	$>10^{17}$
耐磨	B、C、Ne、N、S、Ar、Co、Cu、Kr、Mo、Ag、In、Sn、Pb	20-100	$>10^{17}$
改變摩擦	Ar、S、Kr、Mo、Ag、In、Sn、Pb	20-100	$>10^{17}$

　　離子佈植還可以提高金屬材料的硬度，這是因為注入離子及其合成物將引起材料晶格改變、缺陷增多的緣故。例如在純鐵中注入硼(B)，其顯微硬度可提高 20%。用矽注入鐵，可形成麻田散鐵結構的強化層。

　　離子佈植可用來改善金屬材料的潤滑性能，因為離子佈植材料表層後，在摩擦過程中，這些被注入的細粒會引起潤滑作用，提高了材料的使用壽命，例如把碳離子(C^+)、氮離子(N^+)注入碳化鎢中。

　　離子佈植在光學方面還可製造光波導，例如在石英玻璃中進行離子佈植，可增加折射率，在鈮線表面注入錫離子，可生成具有超導性能的錫化三鈮(Nb_3Sn)導線。

　　離子佈植的應用範圍仍不斷在發展，至於以離子佈植以改變金屬的性質，因為生產效率低、成本高，而還處於研究階段。

習 題

1. 試述離子束加工之原理。

2. 離子束加工有那些用途?

3. 離子束、電子束加工和雷射加工相比，各自的適用範圍如何?

4. 電子束、離子束、雷射束三者相比，哪種束流和相應的加工能聚焦到更細?

5. 電子束加工和離子束加工在原理上和在應用範圍上有何異同?

NONTRADITIONAL MACHINING

CH **7**

電漿加工

■ 7-1　電漿加工原理及其特點

　　電漿加工(Plasma Arc Machining，簡稱 PAM)是在一般大氣之下，以電弧放電方式將氣體電離成爲過熱高速之氣體流束，噴向工件後將工件材料熔化和氣化，此熔化或氣化之材料被吹離母體或再融合，而達到切割、銲接、材料性能改變，或是在材料上塗覆其他材料之加工法。一般的物質都是以固態、液態及氣態等三相之方式存在，而電漿被稱爲物質的第四態，原因在於它是由氣體原子或分子電離成帶正電荷的離子和帶負電荷的自由電子所組成，由於整體之正負電荷均相等之氣體，因此稱爲電漿。此電漿經由氣炬噴嘴的壓縮，使得電漿弧保持穩定不會發散，因而增加了電漿電弧的能量，且溫度及電壓亦同時升高。利用此電漿電弧的高能量進行材料之加工，即爲電漿加工。

　　圖 7-1 所示為電漿加工之示意圖。此裝置係用直流電源器供給直流電，鎢電極接於電源陰極，工件接於陽極。利用高頻率振盪或瞬時短路的引弧方式，使鎢電極與工件之間產生成電弧，電弧的高溫使流過的氣體原子或分子獲得極高之能量，導致原子核外圍的電子逸出，成為自由電子，而原來呈中性狀態的原子失去電子成為正離子。但此電離的氣體，由於正負電荷數仍然相等，而呈電中性。電弧的外圍持續不斷的送入氣體，此氣體流形成保護罩，將電弧往中央部位壓縮以增加電流密度及提高電弧溫度。電漿加工常使用的氣體有氮氣、氫氣、氦氣、氬氣或是該等氣體之混合體。

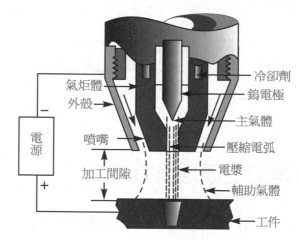

圖 7-1　電漿加工原理

電漿加工所以具有極高的能量密度，最主要是由三種效應所促成：

(1) 機械壓縮效應：利用噴嘴孔徑來拘束電弧的截面，使弧柱能量密度和溫度提高。

(2) 熱壓縮效應：噴嘴內部通入冷卻空氣或水，使噴嘴內壁受到冷卻，溫度降低，在噴嘴內壁和弧柱之間形成一層很薄的冷氣膜，此冷氣膜進一步迫使電弧截面縮小，使電流密度和溫度進一步提高。一般情況下，氣體流量越大，壓力愈大，冷卻愈充分，則熱收縮效應愈強烈。

(3) 磁收縮效應：電弧電流可以看成無數條同向的電流線，其形成的磁場使電流線之間相互吸引，使得電弧截面縮小，電流的密度越大，電弧將顯得更穩定而不擴散。

由於上述三種壓縮效應的綜合作用，會使電漿弧之弧柱面縮小，能量得以集中，其密度可高達到 $10^5 \sim 10^6$ W/cm^2 以上。一般電弧所產生的溫度約為 1000 $\sim$ 5000℃左右，而電漿所產生的溫度高達 10000 $\sim$ 25000℃以上，遠高於一般電弧，而氣體的電離度也會隨著溫度的升高而增加。在電場的作用下，氣體電漿流約以 $10^4 \sim 10^7$ m/s 的速度自噴嘴噴出，具有很大的衝擊力，當到達金屬表面時會釋放出大量的熱，使工件加工部位產生熔化、氣化。

此外，電漿加工時亦有將渦捲的水注射入噴嘴中以產生保護層並壓縮電漿電弧的做法。水注噴射的方法提供了許多優點：

(1) 可切割方形工件。
(2) 使電漿電弧的穩定性增加。
(3) 切割速度加快。
(4) 減少煙霧及強烈味道的氣體。
(5) 延長噴嘴的壽命。

■ 7-2　電漿的形式與特點

如圖 7-2 所示，電漿的形式依產生電弧的位置通常可分為轉移弧、非轉移弧及綜合型弧三種形式。

1. 非轉移弧：將中央鎢極接電源負極，外側噴嘴接電源正極，電源接通後由高頻振盪器或接觸短路，使鎢電極和噴嘴之間引燃電弧，隨後噴嘴中的離子氣流會將弧焰噴出噴嘴，形成電漿焰流。這種方式所產生之電弧穩定，對絕緣材料如混凝土、耐火磚、陶瓷等都可進行加工。

2. 轉移弧：將鎢極接電源負極，噴嘴和工件接電源正極。在鎢電極和噴嘴之間的放電回路中串聯一個電阻以獲得小電流下降的特性，當接觸工件時，立即形成鎢極和工件之間的轉移弧，此時同時切斷非轉移弧。大部分銲接和切割工作都是採用轉移弧來加工。

3. 聯合型弧：加工時，若非轉移弧和轉移弧同時存在則稱為聯合型弧，通常小電流銲接時，都會採用聯合型弧，這將有助於電弧的穩定。

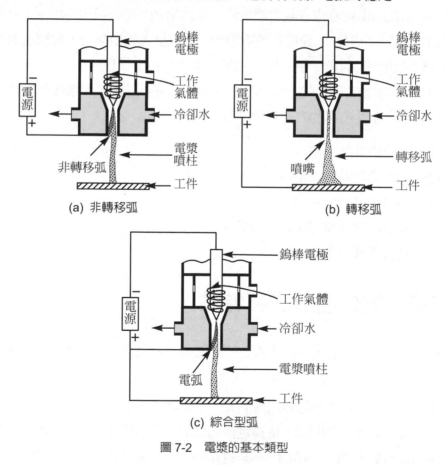

(a) 非轉移弧

(b) 轉移弧

(c) 綜合型弧

圖 7-2　電漿的基本類型

電漿主要有以下特點：

1. 溫度高、能量集中

   電漿的溫度可高達 10000～25000°K 以上，這種溫度無法以其他方法達到。圖 7-3 所示是用於電漿噴敷的非轉移型弧的溫度分佈圖，其焰心中央之溫度可高達 32000°K 以上。用於電漿噴銲的轉移型弧的溫度分佈圖則如圖 7-4 所示，其焰心中央之溫度則較低，但亦可達到 24000°K 以上。

   由圖可知，電漿的能量非常集中，工件上的受熱區域相對的縮小，熱影響區域一變小，在銲接薄形工件時，工件的變形量也就相對的縮小。

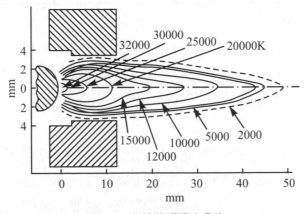

圖 7-3　非轉移弧溫度分佈

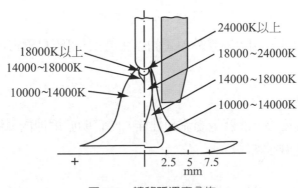

圖 7-4　轉移弧溫度分佈

2. 能量密度大，熔透深度大

   與鎢極氬氣銲接比較，在相同的銲接條件下，電漿的銲接速度要比鎢極氬氣銲接快得多。表 7-1 所示為以一道次電漿銲接可以銲透的板材厚度，此深度比一般銲接深度大的多。

表 7-1　一道次電漿銲接可銲透的板材厚度(mm)

材料	不銹鋼	鈦及鈦合金	鎳及鎳合金	低合金鋼	低碳鋼
銲接厚度	≦8	≦12	≦6	≦7	≦8

3. 電弧均勻集中

   鎢極氬氣銲接的電弧呈圓錐形，而電漿銲接幾乎為圓柱形，其發散角度很小，一般大約只有 5°。在這種情況下銲接參數的變化對電弧形態的影響變得很小，尤其是弧長變化對銲縫成形的影響更小。

4. 穩定性佳

   電漿藉著壓縮效應及熱電離充分的情況下，在弧柱較長時仍能保持穩定燃燒，沒有自由電弧容易飄動的缺失。假如再加上新型的電子電源，銲接電流更可以小到 0.1A 以下，如此小的電流下將使電弧更穩定，銲接品質也更好。

5. 可控性佳

   經由氣體的選擇和改變壓縮效應的產生方式，可輕易獲得所需的銲接氣氛和電弧參數。

6. 電弧攪動性佳

   由於熔池溫度高，液體金屬流動性佳，而有助於熔池內氣體的釋放，使銲接部位氣孔減少。

■ 7-3　電漿加工之主要設備

　　電漿加工可以應用在銲接、切割、塗敷等多種用途，其所需設備多少有所差異，但共通所用之設備可分為噴嘴、電極與氣體三種。

■ 7-3-1　噴　嘴

　　噴嘴是產生電漿最主要部分，其設計好壞攸關電漿電弧的性能。如圖 7-5 所示，噴嘴設計之主要尺寸有三，即噴嘴孔徑 d、噴孔長度 l 和噴嘴錐度 α。噴嘴孔徑將決定電漿弧柱的直徑大小，在電流和氣體流量一定時，孔徑愈大壓縮作用將愈小；但過小的孔徑愈小將使電漿弧不穩定，甚至引起雙弧現象。孔徑大小也與電流有關，電流小時噴嘴孔徑也要減小。噴孔長度則與壓縮作用有關，噴孔愈長壓縮作用愈強，但過長的噴孔將增大損耗。一般在切割時，噴孔長度與直徑之比在 1.5 至 2.5 之間為合適。進行噴敷工作時，則在 5 至 6 之間為合適。噴嘴錐度又稱為壓縮角，通常為 30 至 60 度之間。噴嘴的材質應採用導電性好的材料，例如紅銅。若電漿功率大時，還需以水直接進行冷卻，冷卻水則需保持足夠之壓力和流量。為提高冷卻效果，噴嘴的厚度通常不超過 2.5mm。

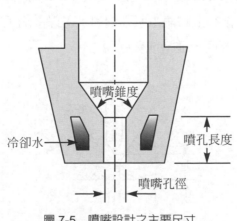

圖 7-5　噴嘴設計之主要尺寸

■ 7-3-2 電 極

電漿加工所使用之電極材料，主要有釷鎢、鈰鎢、鋯鎢和純鋯電極等多種。電極直徑大小須隨電流增加而增大。為了便於引弧和增加電弧的穩定性，電極端部可磨成 30 至 60 度之倒角。電流小或電極直徑較大時，錐角角度可適度降低；大電流或電極直徑較小之加工場合，可以磨成圓球或圓錐形以降低損耗。電極形狀如圖 7-6 所示。

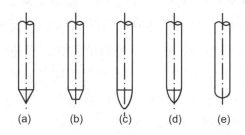

(a)　　(b)　　(c)　　(d)　　(e)

圖 7-6　電漿加工用電極形狀

電極安裝的位置會對電漿加工亦會影響，如圖 7-7 所示，當電極的內縮長度 lg 增加時，電漿弧之壓縮程度會變大，但 lg 過大時會造成雙弧現象。一般在電漿銲接時，內縮長度比噴孔長度增減 0.2mm 左右；電漿切割時，內縮長度比噴孔長度長約 2~3mm 左右。電極和噴嘴的同軸度也會對加工效果有影響，兩者若未在同一軸心上將使電漿弧偏斜；在銲接加工將使銲縫偏移，切割加工則影響切口的平直度，並造成雙弧現象。

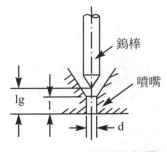

圖 7-7　電極與噴嘴之位置

■ 7-3-3　工作氣體

　　電漿加工所使用的氣體種類有多種,但常用的氣體是氮氣、氫氣和氬氣三種。與氮氣、氫氣相比,氬氣具有較大之原子量、導熱率低、不吸收分解熱、單原子氣體、容易被電離、電弧穩定性高和惰性氣體可保護噴嘴與電極氧化損耗之優點。但若單純使用氬氣,會因為攜熱性差、導熱率低,造成電弧柱較短,且氬氣的價格較高,所以一般不單獨使用。

　　氮氣分子體積熱容量大,導熱和攜熱性較好,故電弧柱較長,可以切割較厚之工件,而且價格便宜,因此使用較為廣泛,其缺點則是會產生較多的氧化物,而且產生有害氣體,對操作人員之健康有很大之影響,其切口也不夠平整。

　　氫氣相對地具有原子量最小,導熱性和攜熱性佳之特性,但因為所需分解熱較大,不易形成穩定的電漿弧。另外也很容易使噴嘴燒毀,故也很少單獨使用作為工作氣體。

　　目前電漿加工所使用之氣體為上述三種氣體之混和氣,如此一來可以得到其他氣體加工之優點來補足個自之缺點。

　　氣體流量增大時,可以增加電弧的熱壓縮效應,使電漿弧更集中,另外加工電壓也會隨著增加,而使加工速度及精度增加。但過大的氣體流量會造成熱量流失,反而使加工能力降低、電弧燃燒不穩定。

■ 7-4 電漿噴敷技術

■ 7-4-1 電漿噴敷原理、分類及特點

　　電漿噴敷即是利用電漿之熱源,將粉末狀金屬或非金屬材料以熔化或半熔化方式,高速噴射到經過預先處理的工件表面,使其形成一層具有特殊功能的塗層。這種方式可應用於火箭彈頭、引擎汽缸、渦輪機葉片及光靶材等。噴敷的原理如圖 7-8 所示,由電漿噴槍產生電漿流,噴槍和噴嘴分別接在經過整流之電源供應器的正、負極上,然後向噴槍提供氬氣或氮氣等氣體產生電漿。此電漿弧從噴嘴噴出後,體積迅速膨脹,形成高溫電漿射流,此時將金屬粉末以氣體輸送進入電漿弧中,迅速加熱到熔融或半熔融狀態,而噴敷到工件表面形成塗層。

　　傳統的電鍍處理大型工件如塑膠、合金或是鋁等射出模,均是在表面鍍一層硬鉻;但電漿噴敷可以氮化鉻(CrN)、氮化鈦(TiN)取代,其鍍層對模具的功能性質有更顯著的提升。且就環保概念來述說,電化學法會產生 Cr、Ni、Zr、Sn 及其合金之重金屬廢水會汙染空氣與環境,特別是六價鉻及氰化物更為劇毒,即使經過廢水處理之後仍會有殘留物,這些殘留物依然會逐漸累積成為毒害。而電漿噴敷則無此問題,加上電漿噴敷的鍍層效果比電化學法佳且電漿噴敷的技術也愈來愈成熟,其因此電漿噴敷會漸漸取代傳統的電化學法。

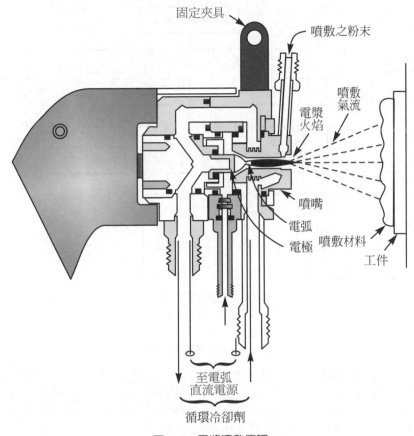

圖 7-8　電漿噴敷原理

電漿噴敷可分類如圖 7-9 所示。而電漿噴敷的特點如表 7-2 所示。

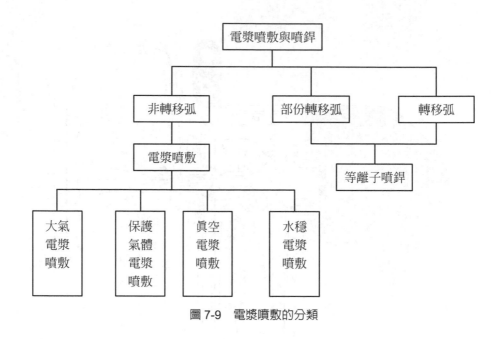

圖 7-9　電漿噴敷的分類

表 7-2　電漿噴敷的特點

項目	內容
焰流溫度	電漿焰流中心溫度高達 10,000～20,000℃
粒子飛行速度	焰流中心熔融粒子飛行速度 240～600m/s
被噴塗工件	工件不接電，不受材質和尺寸限制，噴敷時不超過 250℃
塗層材料	適應範圍廣，可根據需要，自由選擇
塗層	1. 可製耐磨、耐熱、隔熱、耐蝕等各種特殊性能的塗層 2. 塗層厚度可在幾十微米到上千微米範圍內自由控制 3. 塗層與基體材料的粘結，仍是機械結合為主，不宜承受振動，衝擊等重負荷

■ 7-4-2　電漿噴敷設備

7-4-2-1　電漿噴敷設備的組成

電漿噴敷主要設備如圖 7-10 所示，由直流電源、控制系統、送粉器、冷卻水供給裝置、噴槍以及氣瓶等部分組成，其他輔助設備有通風除塵裝置、噴槍及工件輸送裝置、隔音室等。

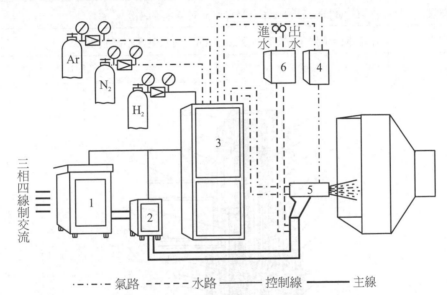

- ·—·— 氣路　----- 水路　——— 控制線　——— 主線

1 整流電源；2 高頻振盪器；3 控制櫃；4 送粉器；5 噴槍；6 增壓水泵及熱交換器

圖 7-10　電漿噴敷主要設備

7-4-2-2　噴　槍

等離子噴槍可說是電漿噴敷設備中最核心的部位，主要產生高焓、高速的電漿，並讓粉末順暢的輸入電漿流中。其結構比較複雜，須集合電(需傳導達上千安培的電流)、水(降低噴嘴和陰極溫度的冷卻水)、氣(維持電漿工作所需之氣體)、粉(形成塗層所需的粉末材料)等不同元素。噴槍的基本要求如表 7-3 所示。

表 7-3 電漿噴敷噴槍的基本要求

項目	基本要求
使用功率	一般為 30～50W，最大 80kW
同軸度	噴嘴對陰極的同軸度公差為 0.01mm
絕緣性	陽極陰極之間，陽、陰極與槍把之間的絕緣可靠
密封性	所有接頭和密封圈確保不漏水、不漏氣、不漏粉
冷卻水	冷卻水(蒸餾水)流量不小於 20L/min，回水溫度不高於 50℃
結構	體積小、重量輕、維修方便

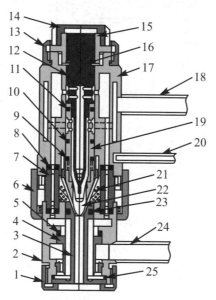

1-蓋帽. 2-下槍體. 3-噴嘴. 4-擋水杯. 5.9.10.11.12.23.25- O 形密封圈. 6-聯接螺帽. 7-絕緣杯.
8-密封圈. 13-鎖緊螺帽. 14-蓋帽. 15-調節螺母. 16-電極桿 I. 17-上槍體. 18-水管. 19-電極桿 II.
20-氣管. 21-隔熱杯. 22-分氣杯. 24-水管.

圖 7-11 前後絕緣式電漿噴槍機構

對於噴槍之結構說明如下：

(1) 噴槍本體

噴槍的本體可分為前後絕緣結構和內外絕緣結構兩種形式。前後絕緣結構是由前槍體、後槍體及中間絕緣體三大部分組成；前槍體固定噴嘴，後槍體固定電極。此種噴槍結構如圖 7-11 所示。內部絕緣結構則是由槍體、中間絕緣套及電極桿三部份組成，槍體前端固定噴嘴，電極桿前端固定電極。

(2) 噴嘴

噴嘴是噴槍的主要關鍵構件，噴嘴材料主要由紅銅製作而得。噴嘴的設計重點在於在確定壓縮孔道參數和產生火焰的幾何形狀，以提高噴槍功率、解決噴嘴燒損問題，和強制冷卻之效果。噴嘴的冷卻是採用水冷式之熱交換過程，要提高熱交換量就必須增大熱交換面積。因此噴嘴常設計成如圖 7-12 所示之環型、孔型及槽形三種幾何形狀的結構，其中又以槽形結構的冷卻效果最佳。

如果噴塗之粉末是由經由噴嘴內部輸送，則必須在噴嘴上鑽送粉孔，此孔常採對稱方式鑽孔，粉孔中心線通常距離噴嘴端面約 5mm。

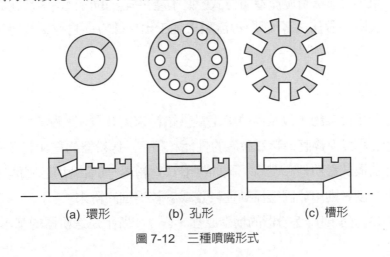

(a) 環形　　　(b) 孔形　　　(c) 槽形

圖 7-12　三種噴嘴形式

(3) 電極

電極的陰極由於受到熱電子發射和大能量的正離子衝擊,其端部溫度可達到 24000°K 以上,如這種高溫聚集在較小面積上,那麼即使是由鎢—釷材料所製成的高溫電極,也很難避免燒損。電極一但受到損壞就會不斷噴出熔化的鎢粒子,破壞原來的幾何形狀,使得電弧不穩且偏向噴嘴一側,此時會更加速噴嘴損壞,同時鎢粒子也將污染塗層。要使電極能夠承受熱負荷能力,必需加強冷卻水對鎢極端部的冷卻效果,同時電極桿應對鎢有良好的傳熱效果,除增大鎢極的熱交換面積外,電極端部離水冷壁的距離亦要短,以增加冷卻效果。

(4) 氣流結構

電漿氣體在噴槍內流動的狀態稱為氣流結構。氣流結構主要取決於進氣方式和氣室結構,進氣方式指氣體流進入噴嘴錐面和電極錐面間狹小間隙,再流向壓縮孔道的方式,氣室則是指氣體進入噴槍後,再進入狹小間隙前的空腔形狀。

進氣方式可分為切向旋流進氣和徑向直流進氣兩種。對於電漿噴敷而言,為了加強對電漿弧的壓縮,並獲得電弧沿著孔道壁面旋轉的效果,大都採用旋流進氣方式。為了產生強烈的漩渦流,都在氣室中加裝陶瓷製作之導流環,導流環上加工出切線方向之導氣孔使氣體通過時形成渦流。

7-4-2-3 送粉器

送粉器是儲存粉末以及向噴槍定量供給粉末的裝置,其靈敏度、密封性好壞、輸送順利與否會直接影響塗層的性能和精度。送粉器的種類有多種,其中常用的有刮板式送粉器和帶有小孔的轉盤式送粉器,前者適用於固態流動性較佳的粉末,後者則用於固態流動性較差或者較為細的粉末。

圖 7-13 所示則為送粉器的構造原理,表 7-4 所示是送粉器的基本要求。

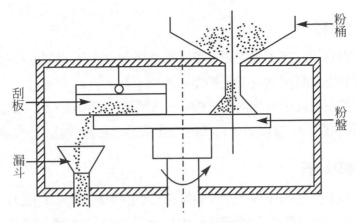

圖 7-13　刮板式送粉器結構原理

表 7-4　送粉器的基本要求

項目	基本要求
連續性	出粉均勻連續
可調節性	能根據工作需要，能自由調節送粉量的大小
送粉精度	單位時間內送粉量的誤差為 2%～4%
適應範圍	能輸送不同種類，不同粒度之粉末
密封性	所有接頭和密封圈不漏氣，不漏粉
監控	能隨時觀察送粉速率的變化
安全	具有有安全措施，保證不堵塞、不爆炸

7-4-2-4　直流電源

　　直流電源是向噴槍提供電力的裝置，目前採用的直流電源類型，主要是磁放大器矽整流電源及可控矽整流電源。

　　電漿噴敷一般採用一台電源，如遇大功率噴敷(噴槍功率≧80kW)時，還可以採用兩台同樣規格型號的電源並聯方式。

7-4-2-5 控制箱

電漿噴敷設備的控制箱主要是控制噴敷所須之主氣、輔氣、電弧電流和送粉速率，可分為自動控制或手動操作的兩種。

在整個控制系統中分為兩大主體，一為電氣控制系統，另一則是氣路控制系統。在控制面板上應該顯示出目前的工作狀態，以方便觀察及改變加工參數。

7-4-2-6 熱交換器

熱交換器主要目的使藉水來達到降溫，為了能提供足夠的壓力和流量的冷卻水，又不使水垢卡在在冷卻腔內，因此一般只使用蒸餾水流進熱交換器，然後再用一般的自來水使蒸餾水冷卻。

■ 7-5 電漿銲接

■ 7-5-1 電漿銲接原理和分類

電漿銲接(plasma arc welding)由於電流很小，可稱為微束電漿弧銲。弧型產生方式採用聯合弧型。加工時電漿弧成針狀，因此又稱為針狀電弧。電漿銲接之形式可分為脈衝電漿銲接、熔化極電漿銲接與預熱式電漿銲接三種。

1. 脈衝電漿銲接

   將銲接電流調成基值電流和脈衝電流，基值電流主要作用在保持電弧穩定以及預熱作用；脈衝電流則應用於銲接。這種形式可使加工參數之調整範圍擴大。

2. 熔化極電漿銲接

   如圖 7-14 所示，是將線狀之熔接材料從噴嘴處輸送進入銲接位置處進行銲接，此方法係結合電漿弧銲與氣體保護電弧銲兩種加工法。由於熔接材受到電漿預熱，因此熔化功率大。而且熔接材可以極性反接，可去除工件表面之氧化膜。

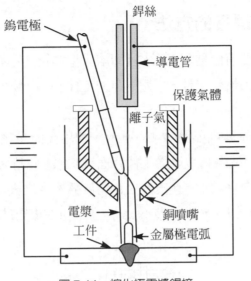

圖 7-14　熔化極電漿銲接

3. 預熱式電漿銲接

如圖 7-15 所示，由於電漿弧的熱量大，以單支熔化材進給時熔敷率不夠，因此採用雙支或多支熔化材同時輸送進給方式。熔化材不與銲接電源連通，而是以另外電源預熱後送至銲接位置進行銲接。

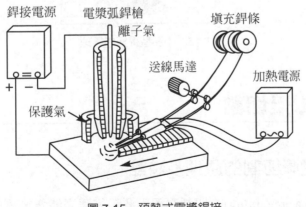

圖 7-15　預熱式電漿銲接

■ 7-5-2　電漿銲接的方法

　　電漿弧銲接主要有兩種加工形式，即熔入型銲接和小孔型銲接兩種。熔入型銲接是靠傳導熱來熔化工件，電弧不穿透工件，可用較小之氣體流量和電弧能量來加工。

　　小孔型銲接的原理則如圖 7-16 所示，利用高能量密度和大電力之電漿弧，穿透工件但又不使融熔金屬從工件背面被吹離，此時會在工件背面形成一個小孔隨著銲槍方向移動。小孔後方之金屬依靠本身之表面張力回流，將小孔填滿而形成銲縫。若加工參數調整不良時，會產生隙縫或是不能銲穿的現象。

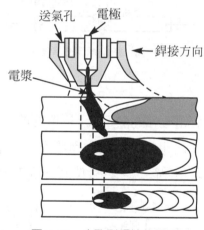

圖 7-16　小孔型銲接的原理

■ 7-6　電漿切割

■ 7-6-1　電漿切割的原理及特點

　　電漿(plasma arc cutting)的切割原理主要是靠著高能量密度的電漿，將熔化金屬從割口中吹走，形成連續的切槽。由於電漿的切割速度快，沒有氧乙炔切割時因燃燒所產生的熱變形。在厚度 25mm 以下碳鋼板切割時，電漿切割比

氧乙炔切割可以快五倍以上，所以切割的適用範圍廣。但也由於電漿流速高，因此噪音、煙塵污染特別重，工作的環境較差。

　　電漿切割的主要特點如表 7-5 所示：

表 7-5　電漿切割的主要特點

項目	內容
弧柱	能量集中、溫度高、衝擊力大
可切割材料	不銹鋼、鋁、銅、鑄鐵及其它難熔金屬和非金屬材料
切割效果	對大多數金屬，切割生產率高、經濟效果好、切口窄、光滑，可不再加工即進行裝配銲接
變形	切割產生的熱影響區小，變形也小
切割速度	切薄板時快，如切割： 10mm 鋁板達 200〜300m/h 12mm 不銹鋼達 100〜130m/h
切口形狀	上寬下窄
切割厚度	一般在 5〜80mm 材料

■ 7-6-2　電漿切割的方法

　　電漿切割的方法因噴注流體或能量等之不同，而有下列不同之形式：

1. 雙氣流電漿切割

　　雙氣流電漿弧切割主要是在電漿弧噴嘴之外側再加裝通氣口，如圖 7-17 所示，此通氣口與中央通氣口使用之氮氣氣體不同，係根據加工工件不同而分別選擇二氧化碳、空氣、氬氣或氫氣。其功用可使電漿進一步壓縮，提高能量密度。

2. 水壓縮電漿切割

　　圖 7-18 所示之水壓縮電漿切割方法，是將高壓水從噴嘴周圍沿徑向方向導入，再從噴嘴孔道噴出與電漿弧直接混合。這種方法除了可以強烈壓縮電漿弧，使其能量密度提高之外，還可將水分解爲氫與氧，此氧氣可對切割金屬產生燃燒，尤其是在切割碳鋼時更爲有利。這種方式切割之切割口傾斜角度小、割口較光滑，高速的水流還具有冷卻作用。

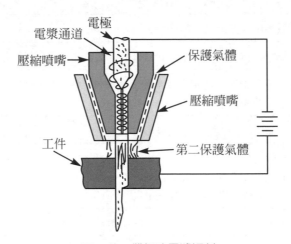

圖 7-17　雙氣流電漿切割

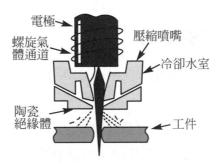

圖 7-18　水壓縮電漿切割

3. 脈衝電漿切割

   使用 50～100Hz 的脈衝電漿弧切割，可以降低切割所需功率、延長電極和噴嘴壽命，以及提高切口品質。

4. 雙弧切割

   在非轉移電漿弧的基礎上，在噴嘴與工件之間加裝 350Hz 的交流電源，使產生雙弧進行切割。這種方法可以切割厚板料。

5. 微束電漿弧切割

   選用功率 0.5～1.5kW、噴嘴孔徑 0.1～0.4mm 的非轉移微束電漿弧，可以切割 0.1～0.5mm 的薄板。

■ 7-6-3　電漿切割的加工參數

1. 切割氣體

   氬、氮、氫、混合氣體或壓縮空氣都可作為電漿切割所用之氣體。氣體的選擇依切割工件材料而定，氣體的導熱性越好，相對的電漿溫度越高。氣體的原子或分子質量越大，則越容易使熔化金屬從割口中排開。氫氣導熱性好，切割速度快，割口粗糙度小，適宜於切割有色金屬。氮氣導熱性好但割口粗糙且不平行，切割過程還會產生有毒的一氧化氮氣體，但氮氣適宜切割碳鋼。氬氣導熱性差，但是原子質量大，切割速度慢，不過卻適宜於切割薄板和化學活性強的材料。空氣中含有的氧在金屬中產生氧化反應而提高工件溫度，因此可提高碳鋼的切割速度，還可減少割口底部的割瘤。

2. 切割電流

   切割電流越大，割口寬度越大，越易形成 V 形割口。表 7-6 為切割電流與割口寬度之關係。

表 7-6　電漿切割電流與割口寬度之關係

切割電流/A	20	60	120	250	500
割口寬度/mm	1.0	2.0	3.0	4.5	9.0

3. 切割速度

切割速度分最快切割速度和最佳切割速度兩種。切割速度過快，割口呈 V 形，割口表面有明顯割紋，割口底部有割瘤。切割若調整到最佳切割速度時，割口會呈現平行狀態。

習 題

1. 試述電漿加工之原理。
2. 電漿加工有那些用途?
3. 請解釋水注入電漿加工法的優點。
4. 電漿為何被稱為物質的第四態。
5. 電漿加工所以具有極高的能量密度?
6. 電漿噴敷的分類為何?

CH **8**

NONTRADITIONAL MACHINING

超音波加工

超音波加工(Ultrasonic Machining，簡稱 USM)，是近代一種非常有用的加工方法，但由於人耳聽不到超音波，所以發展的時間比其他非傳統加工法晚。超音波加工不僅不需要工件是導電物體之限制，而且還可輕易的加工硬質合金、淬火鋼等脆硬金屬材料，對加工玻璃、陶瓷、半導體鍺和矽晶片也非常有效，同時還可用作工件之清洗、銲接和探傷等用途。

■ 8-1 超音波加工原理及特點

■ 8-1-1 超音波及其特性

人類可聽到的頻率範圍在 16～20000Hz 內，所以當振動頻率超過 20000Hz 時，即稱爲超音波。超音波可以經由壓電晶體如石英、鈦酸鋇、鋯鈦酸鉛等之逆壓電效應而產生。如圖 8-1 所示，當壓電晶體受到一規律的壓縮、拉伸時，

在晶片兩端會產生相同電壓變化，這稱為正壓電效應。而逆壓電效應剛好相反，它的原理是藉著一規律變化的電壓，將其加於壓電晶體兩端時，會使晶體產生變厚、變薄的變化，而這變化會讓晶體作相對應的機械振動，當振動發生時，晶體周圍的介質也會跟著振動，此振動在介質中傳播，就形成了超音波。

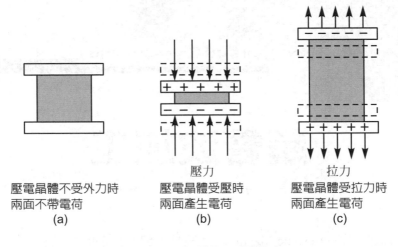

壓電晶體不受外力時　　　壓電晶體受壓時　　　壓電晶體受拉力時
兩面不帶電荷　　　　　　兩面產生電荷　　　　　兩面產生電荷
(a)　　　　　　　　　　　(b)　　　　　　　　　　(c)

圖 8-1　壓電晶體的正壓電效應

超音波的傳播方式就跟聲波、光波、電磁波一樣，可以靠著氣體、液體及固體等介質來傳播。由於超音波的頻率高、波長短且能量大，所以當遇到反射、折射或共振等現象時，損耗就會特別的明顯。而超音波在不同的介質傳播時，傳播速率(c)也不一樣(空氣= 331 m/s；水= 1430 m/s；鐵= 5850m/s)，它與波長(λ)和頻率(f)之間的關係可用下式表示

$$\lambda = c\,/\,f \tag{8-1}$$

超音波主要具有機械作用、空化作用和反射、共振、干涉現象等特性：

1. 機械作用
   超音波的機械作用主要由超音壓強和輻射壓強所引起。

(1)　超音壓強

超音波能傳播很強的能量，會對其傳播路徑上的障礙物施加壓力，即聲壓。因此有時也用這種壓力大小來表示超音波的強度，所以壓力越大，則傳播的波動能量越強。

超音波振動能量的強弱可用能量的密度來表示，能量的密度是通過垂直於波的傳播方向的單位面積能量，以符號 J 代表，單位為 W / cm²。

$$J = \frac{1}{2}\rho c(\omega A)^2 \tag{8-2}$$

ρ：彈性介質的密度(kg / m³)。

c：彈性介質中的波速(m / s)。

A：振動的振幅(mm)。

ω：角速度，ω = 2πf (rad / s)。

(2)　輻射壓強

當超音波傳入兩種介質的界面時，無論是被反射或吸收，都會在界面位置產生一穩定且沿傳播方向的靜壓力，也就是輻射壓強。

通常輻射壓強會引起兩種效應，一是騷動效應，即超音波通過液體時，液體會像沸騰般的產生強烈的騷動；第二種是超音波通過時，造成溶劑與懸浮粒之間的摩擦，而這是因為輻射壓強造成溶劑與懸浮粒兩者之間的加速度不同所產生的結果。

超音波在通過不同的介質時，界面上會產生波速改變，也就是所謂的反射和折射現象，此時能量反射大小決定於兩種介質的波阻抗(密度與波速的乘積即波阻抗)，介質的波阻抗相差愈大，超音波的反射率就越高。所以當超音波從一種介質傳播到另一種介質時，反射率幾乎可達 100%。而空氣具有可壓縮性，會使超音波的傳遞受阻，所以為了改善超音波在相鄰介質中的傳遞條件，往往會在連接面中間加入機油、凡士林作為傳遞的介質。

2. 空化作用

超音波在液體中傳播時，會使液體質點隨著聲波做相同頻率的振動，連續地產生過壓和負壓現象。負壓將使液體拉裂產生空孔，此即為空化作用(cavitation)。基本上液體是不可壓縮的，因此會產生正、負交變的液壓沖擊和空化現象。由於此一交變時間極短，液體中的氣體在脈衝壓力作用下會破開產生衝擊波，局部產生極大之衝擊力。如果將這交變的脈衝壓力作用在工件表面上，將使固體物質產生分散、碎裂等現象。

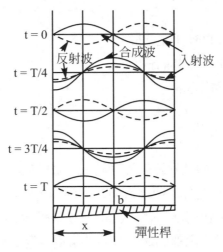

圖 8-2　彈性桿內各質點振動情形

3. 超音波的干涉與共振現象

超音波在一定的條件下，會產生波的干涉與共振現象。如圖 8-2 所示，為超音波在彈性桿中波的傳播情形，超音波會出現波的疊加作用，使彈性桿中某些位置的質點始終不動，而某些位置的振幅則大大增加，從而獲得更大的超音波加工能量。這是因為，超音波在彈性桿的一端向另一端傳播時，會在端面會產生一次或多次波的反射，結果在有限長彈性桿上，將存在若干個周期相同、振幅相等、傳播方向相同或相反的波。於是，在彈

性桿傳播的波，會出現波疊加現象，致使某處振動始終加強，或某處振動始終減弱，而產生波的干涉現象。

如圖 8-2 中，t = T / 4 或 3T / 4 的位置，當彈性桿的長度恰爲半波長的整數倍，且相位相同時，便會出現波的干涉而產生振幅增加的駐波，即波共振現象。而圖中，t = 0、T / 2 和 T 的位置，則是相位相反時出現的干涉現象，使疊加後的振幅爲零，不產生振動。

由上述分析可知，爲了提高超音波加工生產效率，必須使彈性桿處於最大振幅的共振狀態，其設計長度爲半波的整數倍，桿的支點選在振動過程中的不動點，即波節點上；而桿的工作端部應選在最大振幅的波腹處。

■ 8-1-2　超音波切削加工原理

超音波切削加工原理是利用超音波產生器，帶動工具端面產生每秒 20000 次以上的超音波振動，進而使具有磨料的懸浮液也產生相同的振動，強烈撞擊脆硬材料工件表面，進而使工件表面加工出與工具端面相反形狀的一種加工方法。其加工原理如圖 8-3 所示。超音波加工時，在工具和工件之間加入由液體混磨料混合的懸浮液，此時以小壓力將工具壓在工件上。再以超音波產生器產生 20000Hz 以上的縱向電壓振動，經過變幅桿把振幅放大到 0.05～0.1mm 左右，帶動工具端面作超音波振動，連帶使存在工作液中的懸浮微粒以高速不斷的撞擊、削除工件表面。

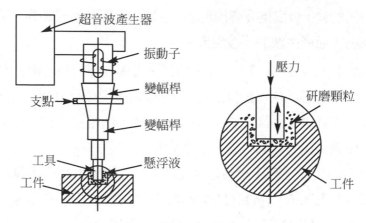

圖 8-3　超音波加工原理

　　由於工作液受到高頻率的振動、交變的液壓正負沖擊波和空化作用的影響，將使工作液中的磨料微粒滲進微裂縫中，加大了機械破壞作用。

　　超音波切削加工是利用撞擊的原理加工工件,因此越是脆硬的材料就越容易加工,反之如果材料是脆性或硬度不大的韌性材料時,則加工的效率將會大打折扣。

■ 8-1-3　超音波切削加工的特點

　　超音波切削加工主要有以下幾項特點:

1. 適合加工各種硬脆的材料,尤其是玻璃、陶瓷、寶石、石英、鍺、矽、石墨等不導電的非金屬材料。另外也可以加工淬火鋼、硬質合金、不銹鋼、鈦合金等硬質或耐熱導電的金屬材料,但加工效率將降低。

2. 為在極短時間內完成的微量切削過程,在切削的過程中,刀具在很小的位移上得到很大的瞬時速度和加速度,於局部產生很高的能量,其摩擦係數將大幅降低,只有普通切削的 1 / 10 左右,這使得超音波切削的切削力下降到普通切削的 1 / 3～1 / 10,切削應力、切削熱更小,不會產生變形或

燒傷現象，表面粗糙度也較低，可達 Ra 0.63～0.08μm，尺寸精度可達 ± 0.03mm，也適於加工薄壁、窄縫、低剛性之工件。

3.　可用較軟的材料做成較複雜的工具形狀，而且工具和工件不需作比較複雜的相對運動，即可加工各種複雜的型腔和型面。一般，超音波加工機床的結構比較簡單，操作、維修也比較方便。

4.　由於超音波加工能於加工的同時，把加工所產生的積屑瘤和鱗刺同時消除，再加上大幅度降低切削力、切削溫度，使得工件表面粗糙度 Ra 值大幅度降低，加工精度大幅度提高。

5.　由於以超音波切削時，摩擦係數大幅降低，且切削力和切削熱都以脈衝形式出現，這使得整體的平均熱度大幅下降。切削時的溫度約為 40 度左右，切削屑也完全沒有氧化變色，即使以手直接碰觸也毫無感覺，這是其他加工方法所無法達到的。

6.　因為切削力小、切削溫度低、冷卻充分，如果再配合適當的振動方向、振動參數、切削用量等加工參數，超音波工具的壽命可大幅的提高。

7.　超音波切削加工之切屑不會纏繞工件，即使有也不會對表面精度造成影響。所使用的磨料懸浮液一直循環使用，所以切屑很容易且自動的被帶離加工位置。

8.　超音波切削加工中，切削過程是斷續發生的，當刀具與工件分離時，冷卻液即可進入切削區，進行充分的冷卻和潤滑。此外，由於超音波振動的影響所形成的空化作用，一方面可使冷卻液均勻乳化，形成均勻一致的乳化液微粒，另一方面，切削液更容易滲透到材料的裂紋內，進一步提高了冷卻效果，改善排屑條件。

9.　超音波切削加工時，切削長度很小，且刀具按正弦規律振動，會在工件的表面形成較強的油膜，對提高滑動面耐磨性有著重要作用。同時緻密的表面，腐蝕液比較找不到裂縫入侵，耐腐蝕性可相對提高。

10. 超音波加工是自動、可調整參數、省力的加工方法，操作人員的訓練快速且便宜。

11. 由於超音波切削的切削力和切削溫度大幅降低，使用小功率的電動機就足以帶動工件進行回轉，且超音波的切削方式是直接讓刀具在切削方向上進行振動，所以傳動系統相當的簡單。

■ 8-2　超音波加工設備

超音波加工設備依功率大小和結構形狀設計雖稍有不同，但主要之組成均一樣，通常包括超音波發生器、超音波震動系統、機台本體和磨料供應及冷卻系統所組成。

■ 8-2-1　超音波發生器

超音波發生器的主要功用是把高電壓的交流電轉換成固定輸出之超音頻的電振盪信號，以提供工具端面做往復運動以加工材料。超音波發生器主要由振盪器、電壓放大器、功率放大器和輸出變壓器等部份組成。由於功率輸出之不同，超音波發生器有真空管式和電晶體式兩種，大功率如 1kW 以上之超音波發生器通常為真空管式，小功率則多採電晶體式。為能使超音波發生器的頻率穩定、發生器和振動子的阻抗匹配，最近新的發生器還裝有聲跟蹤電路和頻率自動跟蹤電路。目前發生器正朝著大功率、低成本、小體積、標準化、模組化、智慧型等方向發展。

圖 8-4 所示為 150W 超音波發生器的震盪迴路圖，圖 8-5 則為超音波發生器的外觀圖。

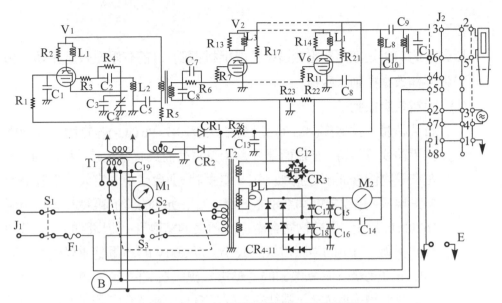

圖 8-4　150W 超音波發生器的震盪迴路

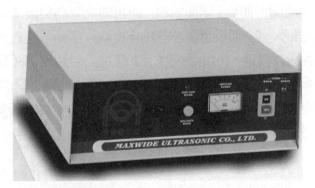

圖 8-5　超音波發生器的外觀(明和超音波工業公司提供)

■ 8-2-2　超音波振動系統

　　超音波振動系統的功能是把超音波發生器所產生之高頻電能轉變爲機械能，使工具端面作高頻率又小幅的振動以進行加工。此系統主要由振動子、振幅擴大棒及工具組成。

1. 振動子

   振動子的功用是把高頻電振盪轉換成機械振動,目前有壓電效應振動子和磁致伸縮效應振動子兩種:

   (1) 壓電效應振動子

   石英晶體、鈦酸鋇($BaTiO_3$)以及鋯鈦酸鉛($ZrPbTiO_3$)等物體在受到機械壓縮或拉伸時,在端面部分會產生電荷而具有電位差。相反的,若在該等物體端面部位施加一定之電壓時,則會產生一定大小之收縮或伸長現象,這現象就稱為壓電效應。如果所加的交流電壓其頻率超過16000Hz 以上,則該物體會產生高頻之伸縮變形,使周圍的介質做超音波振動。石英的逆壓電效應較小,以 300V 的高電壓才只產生小於0.01μm 的變形,而鈦酸鋇的逆壓電效應為石英的 20~30 倍,只是其效率及機械強度太差,鋯鈦酸鉛則具有以上兩者的優點,所以應用較廣。圖 8-6 所示為已經與變幅桿結合之壓電效應振動子示意圖,振動子常做成圓形薄片,兩面鍍銀,使用前先以高壓直流電進行極化,一面為正極,另一面為負極。組裝時將兩片振動子疊在一起,正極在中間,負極在兩邊,再用螺栓將上下端塊同時鎖緊。壓電陶瓷的振動頻率與陶瓷的厚薄、上下端塊的重量,以及螺栓夾緊的力量大小成反比。與金屬磁致伸縮器比較,壓電振動子的材料來源廣、價格低,但由於機械強度低、效率差、易老化,故目前僅用於中小功率振動子之製作。

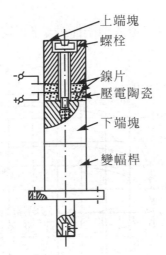

上端塊
螺栓
鎳片
壓電陶瓷
下端塊
變幅桿

圖 8-6　壓電效應振動子示意圖

(2)　磁致伸縮效應振動子

某些鐵磁性或鐵氧化物若放置於變化的磁場中時，其長度會隨著磁場的變化而產生伸長或縮短的情形，此現象稱爲磁致伸縮效應。

磁致伸縮振動子可分爲金屬(鐵磁性物體：如鐵、鈷、鎳)以及鐵氧化物磁致振動子兩類。以金屬製作之磁致振動子具有機械強度高、單位面積輻射功率大、工作效能穩定、電聲轉換效率低(一般爲 30%～40%)之特點。

圖 8-7 所示爲幾種鐵磁性材料隨著磁場強度變化的相對延伸率曲線圖。在金屬磁致伸縮振動子中，由於鎳磁致伸縮效應較好，而且純鎳片疊成封閉磁路的鎳振動子，若事先經過氧化絕緣膜處理可減少高頻渦流損耗，鎳片銲接性亦好，故通常用於大或中功率之振動子製作材料。

鐵氧化物磁致振動子電轉換效率高(>80%)，但機械強度不高、單位面積輻射功率小，通常用於小功率的振動子製作。

磁致伸縮效應與振動子的溫度高低有密切關係，振動子溫度升高，其相對延伸率降低，所以在超音波加工機工作中，振動子應進行冷卻降

溫，通常使用的方法是大功率振動子採用水冷，小功率振動子採用風冷或自然冷卻。

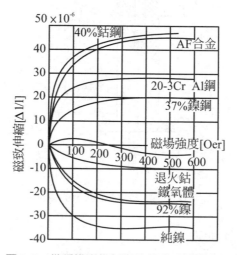

圖 8-7　幾種鐵磁性材料的相磁致伸縮曲線

如果輸入磁致伸縮振動子線圈中的電流是交流正弦波形，那麼每一週期的正半波和負半波將造成磁場變化兩次，振動子也伸縮兩次，此現象稱為"倍頻"。倍頻將使共振長度變短，振幅降低，對結構和使用均不利。為避免這種現象產生，通常在振動子的交流激磁電路中增加一個直流電源，疊加一個直流分量使成為脈衝直流激磁電流，如圖 8-8 所示，或並聯一個直流激磁繞組，加上一個恆定的直流磁場。

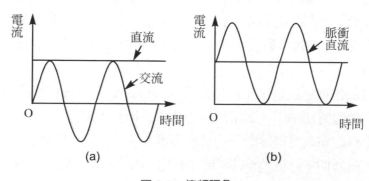

圖 8-8　倍頻現象

2. 變幅桿

變幅桿(horn)又稱爲振幅擴大棒，其作用是將振動子產生的超音振幅放大至 0.01～0.1mm 以便加工。加工時，如果是屬於大功率的精密加工，通常會將變幅桿與工具設計成一個整體；小功率及加工精度要求不太高時，則變幅桿與工具設計成可拆卸式。

圖 8-9 所示爲三種振幅擴大棒的基本形式，分別爲圓錐形、指數形、階梯形。除此之外，還有兩種以上單一形狀組成的組合型。

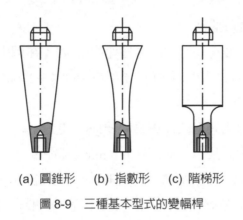

(a) 圓錐形　　(b) 指數形　　(c) 階梯形

圖 8-9　三種基本型式的變幅桿

變幅桿之所以能將振幅擴大，是由於通過變幅桿每一截面的振動能量不變的(假設傳播時不發生損耗)，截面小的地方能量密度大，由式(8-3)知，能量密度(J)與振幅(R)的平方成正比，所以

$$A^2 = \frac{2J}{\rho c \omega^2}$$

$$A = \sqrt{\frac{2J}{K}} \tag{8-3}$$

式中，$K = \rho c \omega^2$ 是常數。

由上式可知，變幅桿的截面越小，能量密度就越大，振幅也越大。欲得到較大的振幅，應使變幅桿的固有振動頻率和外激振動頻率相等，使兩者處於共振狀

態。爲達到此目的，在設計製作變幅桿時，應使其長度(L)等於超音波振動的半波長或其整倍數。

由於音速(c)等於波長(λ)乘以頻率(f)，即

$$c = \lambda f \tag{8-4}$$

所以 $\quad L = \dfrac{\lambda}{2} = \dfrac{1}{2}\dfrac{c}{f}$

式中　λ：超音波的波長

　　　c：超音波在物質中的傳播速度(例如：在鋼中 c = 5050m/s)

　　　f：超音波頻率，加工時 f 可在 16000～25000Hz 內調節，以獲得共振狀態。

經由上式可以算出超音波在鋼鐵中傳播的波長 λ = 0.31～0.2m，故鋼製變幅桿的長度一般在半波長 100 mm 至 160 mm 之間。

圓錐形變幅桿的"振幅擴大比"比較小，一般在 5～10 倍左右，但其形狀易於加工製造。指數形變幅桿的擴大比中等，一般在 10～20 倍，使用時性能較穩定，但不易加工製造。階梯形變幅桿的擴大比較大，約在 20 倍以上，亦容易製作，但受到較大負載時，振幅衰減的現象較嚴重，而且在粗細交界的地方容易產生應力集中而疲勞斷裂，爲此須加工導圓弧。實際生產中，加工小孔、深孔常用指數形變幅桿；另外階梯形的變幅桿因設計製造容易，一般也常採用。

超音波在金屬桿內主要以縱波形式傳播，桿內各點沿波的前進方向在原地作正弦往復振動，並以音速傳導到工具端面，使工具作超音波振動。工具端面的物理特性如下：

瞬時位移量　$\quad S = R\sin(\omega t) \tag{8-5}$

最大位移量　$\quad S_{max} = R \tag{8-6}$

瞬時速度　　　　　$\nu = \omega R \cos(\omega t)$ 　　　　　　　　　　　　　　(8-7)

最大速度　　　　　$\nu_{max} = \omega R$ 　　　　　　　　　　　　　　　　(8-8)

瞬時加速度　　　　$a = -\omega^2 R \sin(\omega t)$ 　　　　　　　　　　　　(8-9)

最大加速度　　　　$a_{max} = -\omega^2 R$ 　　　　　　　　　　　　　(8-10)

式中　　R：位移的振幅。

　　　　ω：超音波的角速度，$\omega = 2\pi f$。

　　　　f：超音波頻率。

　　　　t：時間。

　　假設超音波振幅(R)= 0.002mm，頻率(f)= 20000Hz，則可計算出工具端面的最大速度(ν_{max})= ωR = $2\pi fR$ = 251.3 mm/s，最大加速度(a_{max})= $\omega^2 R$ = 31582880 mm/s = 31582.9 m/s = 3223g，為重力加速度(g)的 3000 餘倍。當振幅 (R)= 0.01mm 時，工具端部的最大速度、最大加速度都將增大 5 倍，最大加速度值將是重力加速度(g)的 16000 餘倍，由此可見，加速度都是很大的。

　　因每種變幅桿的截面大小不同，假設 N 為面積係數，$N = \sqrt{S_1/S_2}$ = D/d，此處 S_1、S_2、D、d 分代表的是變幅桿輸入端及輸出端的面積及直徑。在不同的 N 值時，幾種常用的變幅桿之振幅放大倍數 M_p 如表 8-1 所示。

表 8-1　幾種常用的變幅桿之振幅放大倍數

變幅桿類型	N						
	2	3	4	5	6	8	10
圓錐型	2	2.5	3	3.5	3.8	4	4.2
指數型	2	3	4	5	6	8	10
階梯型	4	9	16	25	36	46	100

　　由表可知 N 值固定時，階梯形振幅擴大棒的放大倍數最大，且加工容易，所以應用較爲普遍。然而其缺點是當放大倍數過大時可能會發生側振，且對附加於端面的負荷較爲敏感。

　　設計振幅擴大棒主要考慮的因素如下：

(1)　確定變幅桿的類型。

(2)　變幅桿與振動子應處於共振的狀態，才可獲得較大的振幅放大倍數。

(3)　加工成型容易。

(4)　材料的要求需音阻小、疲勞強度高。

　　表 8-2 爲幾種常用變幅桿主要設計的計算公式。

表 8-2　幾種常用變幅桿主要設計的計算公式

變幅桿類型	圓錐型	指數型	階梯型
截面變化規律	$S_x = S_1(1-ax)^2$ $D_x = D(1-ax)$ $a = \dfrac{N-1}{Nl}$　$N = \dfrac{D}{d}$	$S_x = S_1 e^{-2\beta x}$ $D_x = D e^{-\beta x}$ $\beta = \dfrac{1}{l_x}\ln N$	$-l_1 \leq x \leq 0$ $S_x = S_1$ $0 \leq x \leq l_2$ $S_x = S_2$
尖波共振長度 l_p	$l_p = \dfrac{\lambda}{2}\dfrac{(kl)}{\pi}$ 式中(kl)爲方程 $\tan(kl)$ $= \dfrac{(kl)}{1+\dfrac{N}{(N-1)^2}(kl)^2}$ 的根	$l_p = \dfrac{\lambda}{2}\sqrt{1+\left(\dfrac{\ln N}{\pi}\right)^2}$	$l_p = l_1 + l_2 = \dfrac{\lambda}{2}$ $l_1 = l_2 = \dfrac{\lambda}{4}$
振幅放大數 M_p	$M_p = \left\| N\left[\cos(kl) - \dfrac{N-1}{N(kl)}\sin(kl)\right] \right\|$	$M_p = N$	$M_p = N^2$
位移節點 X_0	$X_0 = \dfrac{1}{k}\arctan\dfrac{k}{a}$	$X_0 = \dfrac{l_p}{\pi}\operatorname{arc\,cot}\dfrac{\ln N}{\pi}$	$x_0 = 0$
符號說明	S_1 和 S_2 分別爲變幅桿輸入端和輸出端的面積；D 和 d 分別爲變幅桿輸入端和輸出端直徑： k：波數，$k = \dfrac{\omega}{c}$；ω：角速度，$\omega = 2\pi f_p$；f_p：共振頻率；c：縱波在細桿中的聲速；λ：平直細桿中的波長；$\lambda = \dfrac{c}{f}$；N：面積係數，$N = \sqrt{\dfrac{S_1}{S_2}} = \dfrac{D}{d}$		

註：對指數型變幅桿，必須滿足 $\beta < \dfrac{\omega}{c}$，即相對於 f_p 有一臨界值 N_n

3. 工具

　　工具的作用是使懸浮液中的磨料和液體以一定之能量沖擊工件，以加工出所形狀與尺寸。其結構尺寸、質量大小及與變幅桿連接好壞等，對超音波的共振頻率和工件性能有很大影響。圖 8-10 是幾種工具的形狀。

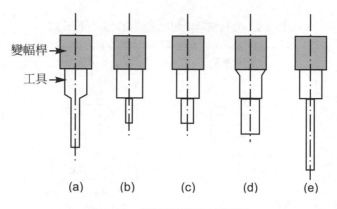

變幅桿 →

工具 →

   (a)   (b)   (c)   (d)   (e)

圖 8-10　超音波加工工具類型

　　由圖中可看出(a) (b)兩類工具的直徑比變幅桿輸出端直徑要小得多，故對變幅桿共振長度不用修正；(c)(d)兩類工具的直徑與變幅桿輸出端直徑差不多，故對變幅桿共振長度必須修正；(e)為加工深孔時之工具，變幅桿長度應設計為超音波半波長的整數倍。

　　當加工面積較小或加工數量較少時，工具和變幅桿可做成一體，否則可將工具用錫銲或螺紋聯接方式固定在變幅桿下端。當工具不大時，可以忽略工具對振動系的影響，但當工具較重時，可按等效質量考慮聲學組件的共振頻率。

　　超音波組件包括振動子、變幅桿與工具之間的聯接應接觸緊密，否則超音波在傳遞過程中能量損失會很大。通常除了鎖緊外，在聯接位置塗上凡士林油，以避免空氣間隙的存在。振動子與變幅桿固定在機台的固定點應該如圖8-11所示，選擇在振幅為零的"駐波節點"上。

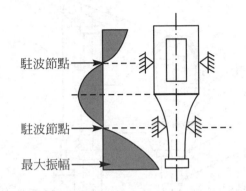

圖 8-11　振動子與變幅桿在機台上固定點的選擇

　　除了以銲接方式連接振動子和工具外，為便於拆卸起見，兩者之間還可以用圖 8-12 所示之螺紋或螺帽方式緊密聯結。其聯接狀況，直接影響到振動能量的傳遞損失。

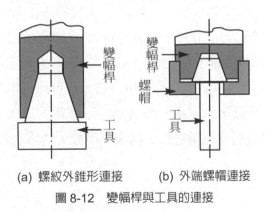

(a) 螺紋外錐形連接　　(b) 外端螺帽連接

圖 8-12　變幅桿與工具的連接

■ 8-2-3　超音波加工機台本體

　　超音波加工機的機台一般來說結構都比較簡單，因超音波加工時，工具與工件間作用力很小，加工機台只要能夠提供工具的工作進給運動、支撐振動系統的重量，以及承受工件之重量即可。圖 8-13 所示為一般超音波加工機之機台。

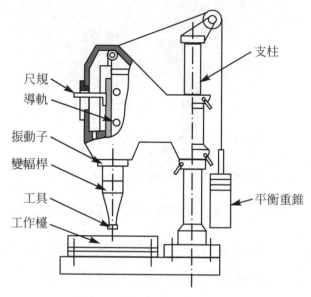

尺規

導軌

振動子

變幅桿

工具

工作檯

支柱

平衡重錐

圖 8-13　超音波加工機之機台

　　超音波加工的進給方式有四種，圖 8-14 (a)重錘進給式及(b)重錘槓桿進給式，而這兩種方式比較簡單，工件與工具之間的作用力是工具和主軸重量與所加平衡物體之差。雖然工具對工件的作用力的大小可以透過改變重錘重量或重錘的位置調整，但畢竟不太方便。而圖(c)所示彈簧進給式結構較複雜，調整較容易；至於圖(d)液壓或氣壓進給式則大多用於大功率之超音加工機台上。

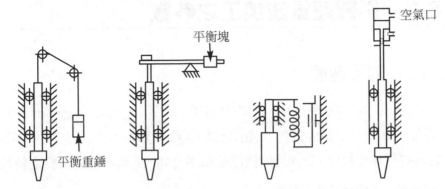

(a) 重錘進給式　(b) 重錘槓桿進給式　(c) 彈簧進給式　(d) 液壓或氣壓進給式

圖 8-14　超音波加工的進給方式

■ 8-2-4　磨料懸浮液及冷卻循環系統

　　小型的超音波加工機，懸浮液的輸送常使用人力輸送方式。若使用小型離心泵使磨料懸浮液攪拌後，再注入到加工間隙中，將使磨料懸浮液在加工部位循環良好。欲加工較深之孔時，需定時將工具拉起，以便於磨料的更換和補充。

　　超音波加工的工作液通常用清水代替，因爲其流動性較佳。有時爲了提高表面精度，也有用煤油或機油當做工作液。至於常用的磨料則是碳化硼、碳化矽或氧化鋁等，其粒度大小將決定加工速度和精度。一般來說，如果要加工速度快，粒度就要大；但如果要加工表面細緻，就需要使用較細之磨料。

　　水冷式之超音波加工機，其冷卻水循環系統係使用於將振動子冷卻，一般常用流量爲 0.5～2.5L/min 的冷卻水，通過環狀噴嘴向振動子周圍噴水降溫。

■ 8-3　影響超音波加工之參數

■ 8-3-1　加工速度

加工速度即是單位時間內所除的材料量，通常以 g/min 或 mm³/min 表示。而影響加工速度的主要因素有：超音波的振幅和頻率、工具和工件間的靜壓力、磨料的種類和粒度、懸浮液的濃度及循環方式、工具與加工材料之特性等。

1. 超音波振幅和頻率的影響

   一般來說，加工速度隨著超音波振動振幅增加而呈線性增加。振動頻率提高，在一定範圍內亦可以提高加工速度。但隨著頻率及振幅提高，變幅桿和工具會產生較大的應力，因此會降低其疲勞壽命。同時振幅及頻率的提高，會使得變幅桿與工具及變幅桿與振動子間的能量損耗加大，所以在超音加工中一般振幅在 0.01～0.1mm，頻率在 16～25kHz 之間。

2. 工具和工件間靜壓力的影響

   如圖 8-15 所示，工具對工件的靜壓力通常存在一個最佳的壓力值，在此壓力下，可得到最大的加工速度，其原因是，若壓力過小，工具端面與工件加工面間隙較大，將使磨粒對工件表面的撞擊力降低，加速度亦會變小。若壓力過大，則工具端面與工件加工面間隙變小，磨料及懸浮液不能順利更新，加工速度也變小。

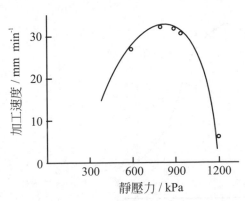

工具截面：ø15mm

被加工材料：玻璃

工具材料：模具鋼

工具振幅：50μm

工作頻率：20kHz

磨料：碳化硼

磨料對水的質量比：1：4

磨料懸浮液供給方法：強制循環方法

圖 8-15　加工速度與靜壓力的關係

3. 磨料與懸浮液的影響

超音波加工所使用磨料的種類、硬度、粒度、磨料和液體的比例及懸液本身的黏度等，對超音波加工速度均有影響，對於不同工件材料要選用不同的磨料，如表 8-3 所示。

表 8-3　超音波加工的磨料選用

工件	磨料	工作液
硬質合金、焠火鋼	碳化硼、碳化矽	水、煤油、汽油、酒精、機油、甘油等，磨料對水的質量比一般為 0.8～1
金剛石、寶石	金剛石磨料	
玻璃、石英、半導體材料	氧化鋁	

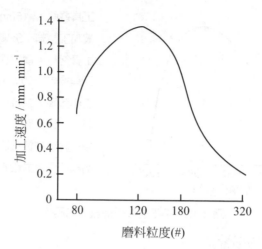

圖 8-16　超音波加工速度與磨料粒度關係

超音波加工速度與磨料粒度關係如圖 8-16 所示，由圖可知，磨料粒度與加工速度間呈非線性關係，因此要獲得較高的加工速度，應根據振幅大小來確定磨料粒度大小。一般來說，振幅小，磨粒細(即磨料編號大)，例如當超音波加工振幅為 0.05mm 時，磨粒尺寸可選擇 160～125μm(100#)，當振幅為 0.005～0.007mm 時，選磨粒尺寸可選擇 80～63μm(180#)。

超音波加工所用懸浮液中的料液比(磨料重量或體積與液體重量或體積的比)對加工速度會有影響。當體積料液比為 0～30%時，加工速度增大；當體積料液比為 30%～50%時，加工速度趨緩；當體積料液比超過 50%～60%後，加工速度則維持不變，因為太多磨粒時，相互間的碰撞增多，消耗了能量所致。

表 8-4 所示為懸浮液的液體種類對加工速度的影響。表中顯示使用水為懸浮液的相對生產率最高，其原因是水的黏度小，溼潤性高且具有較佳的冷卻效果，最適合超音波加工。

表 8-4　幾種懸浮液的液體相對加工速度比

液體	相對生產率	液體	相對加工速度比
水	1	機器油	0.3
汽油、煤油	0.7	硬麻仁油和變壓器油	0.28
酒精	0.57	甘油	0.03

4. 被加工材料的影響

　　材料越脆，承受衝擊負荷的能力越差的材料，在超音波強振下越容易粉碎去除，亦即愈適合超音波加工。材料脆度的計算方法為 $t_x = \rho/\sigma$，ρ 為剪切應力，σ 為斷裂應力。材料脆度與超音波加工之加工性如表 8-5 所示。

表 8-5　材料脆度與超音波加工的可加工性

類別	材料名稱	脆度(t_x)	可加工性
1	玻璃、石英、陶瓷、鍺、矽、金剛石等	>2	易加工
2	硬質合金、焠火鋼、鈦合金	1～2	可加工
3	鉛、軟鋼、銅等	<1	難加工

5. 加工深度的影響

　　超音波加工時，隨加工深度不斷增加，磨料更新困難，而使加工速度下降。為改善這種情況，可以在工件上預先製作磨料輸送孔，使懸浮液能隨深度增加而不斷循環，以提高加工效率。

■ 8-3-2　加工精度

　　除了機台本身精度外,超音波加工的加工精度還會受到磨料粒度、工具精度、工具磨損程度、工具橫向振動振幅大小、加工深度、被加工材料性質等的影響。

　　超音波加工孔時,會產生擴大量,此擴大量約為磨料磨粒平均粒徑 d_0 的兩倍。磨粒愈細,加工孔精度愈高,尤其在加工深孔時,使用細磨料可以減小孔的錐度,而此錐度是由工具磨損及工具的橫向振動所引起。

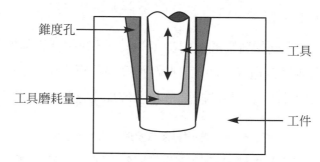

圖 8-17　工具磨損對圓孔加工精度的影響

　　圖 8-17 所示工具磨損對加工精度影響示意圖,欲降低其影響,可將粗加工和細加工分開進行,並隨時更換新鮮磨料,以及正確選擇工具材料。

　　在加工小孔時,工具及變幅桿的橫向振動會引起磨料對孔壁的二次加工,造成前端小出口端大的錐度孔。另外由於懸浮液在出口側壁間隙處迅速排出,使磨料循環時間過短,因此在孔的出口端會出現環帶。減小錐度的方法可採用加工孔後再用磨損的工具作低頻振動修整來解決。

　　剛使用或更新之磨料其顆粒完整且稜角銳利,在加工中,會因為衝擊作用而逐漸磨鈍並破碎。破碎和鈍化的磨粒會影響加工精度,而且新磨料的粒徑是否均勻也會影響加工結果,所以選擇均勻性好的磨料,以及經常更換新磨料,可以提升加工精度和加工速度。

■ 8-3-3　表面精度

　　一般來說，超音波加工的表面會比傳統加工法的加工面細緻，其精度通常都在 $R_a = 1 \sim 0.1\mu m$ 之間。其精度好壞，與磨料粒度大小、工件材質、超音波振動的幅度等有關。

　　使用較細的磨粒、較硬的工件及較小的超音波振幅，將可獲得較好的表面精度。懸浮液對粗糙度也有很大的影響，以水跟煤油、潤滑油來比較的話，後兩者的加工效果將比水來的好。圖 8-18 所示為超音加工表面粗糙度與磨料粒度之間的關係。

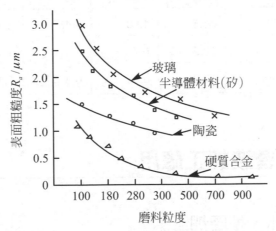

圖 8-18　超音波加工表面粗糙度與磨料粒度關係

■ 8-3-4　工具磨損

　　超音波加工過程中，工具受到磨料的衝擊及空化作用影響，也會產生磨損。表 8-6 所示為不同性質工具在超音波加工中的磨損程度。由表中可看出，在加工玻璃時，使用淬火鋼或硬質合金做為工具，其磨耗量最小，但工具不容易加工製作。以黃銅做為工具，其加工容易，但磨耗量最大。採用碳鋼或不淬火工具鋼製作工具，其磨耗量適中，且製作較容易，疲勞強度大，故常用於加工一般脆性材料。

表 8-6　不同工具材料的磨耗量

工具材料	被加工材料					
	玻璃			硬質合金		
	縱向磨耗量 /mm	加工深度 /mm	相對磨耗 /%	縱向磨耗量/mm	加工深度 /mm	相對磨耗 /%
硬質合金	0.038	38.3	0.1	3.5	3.18	110
低碳鋼	0.45	45.1	1.0	2.8	3.18	88
黃銅	0.53	31.8	1.68	4.45	3.18	140
不銹鋼	0.2	29.2	0.7	0.4	1.14	35
淬火工具鋼	0.064	13.9	0.46	0.3	1.17	26

■ 8-4　超音波加工應用

■ 8-4-1　型孔、型腔加工

　　超音波加工雖然生產效率較低，但因為加工精度好，且能夠加工脆硬材料，故在工業上佔有一席之地。在工業上的應用，最主要是將脆硬材料加工成各種形狀的圓孔、型孔、型腔、套筒、微細孔等，如圖 8-19 所示。對於一些模具如拉伸模，經過超音波加工其壽命可提高 80～100 倍。

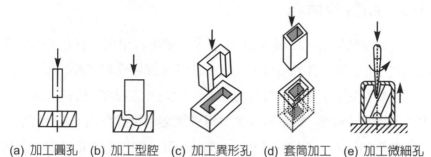

(a) 加工圓孔　(b) 加工型腔　(c) 加工異形孔　(d) 套筒加工　(e) 加工微細孔

圖 8-19　超音波加工的型孔、型腔類型

■ 8-4-2　超音波切割加工

　　超音波加工常用於寶石類或半導體材料的切片或切塊。而以傳統的加工法來切割這些脆硬性的材料，不僅相當困難，而且刀具還容易磨損。圖 8-20 所示，為以超音波加工法切割單矽晶片示意圖，將多片薄鋼片以鉚釘固定在工具上，再用硬銲或軟銲方式銲接在變幅桿，最外側之鋼片比其他切刃稍長 些以做為定位之用。加工時噴注磨料液，一次可切割 10～20 片工件。

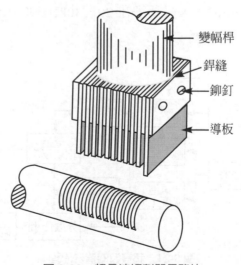

變幅桿
銲縫
鉚釘
導板

圖 8-20　超音波切割單晶矽片

■ 8-4-3 超音波清洗

　　超音波的清洗原理，如圖 8-21 所示，主要是利用超音波在液體中產生的音壓效果和空化作用，作為清洗的功能。當清洗液接受超音波的振動能量後，開始產生正負交變的衝擊波，當這種衝擊波大到一定程度，清洗液會產生微小的空化氣泡振動及破壞，微氣泡振動將導致微觀的攪拌作用；氣泡破壞將產生微觀的化學及熱作用。洗淨過程分為兩部分，第一過程是空化氣泡破裂時產生大音壓，此衝擊力使污物從固體表面剝落，兩者間形成間隙；第二過程是別的空化氣泡群侵入此間隙，依照音壓的變化氣泡反覆收縮膨脹使污物層剝離。因此即使是細縫、深孔中的污垢，也都能輕易的被清洗乾淨。

　　超音波不只可以洗淨，也可用來脫脂、除去氧化層、除去助銲劑與銹等。例如噴油嘴、噴絲板、微型軸承、手錶整體芯、集電路微電子器件等零件，均可以超音波的清洗。最近也常用於餐廳餐具的清洗、醫院藥廠實驗室的醫藥品洗淨。

　　現在商用超音波洗淨機周波數通常在 18～2000kHz，振盪器輸出 20W～4kW，低周波數是 20～30kHz，100W～2kW 者居多。高周波數主要使用400～500kHz，100～500W，振動子在 20～30kHz 者用 ferrite 或鎳，400～500kHz 者用鋯鈦酸鉛(PZT)。

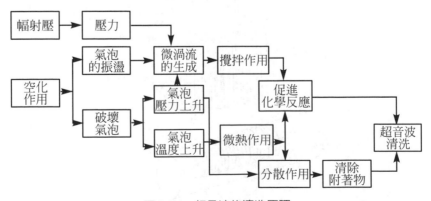

圖 8-21　超音波的清洗原理

圖 8-22 所示是幾種在洗淨槽中安裝振動子的方法，圖(a)爲投入型，此方法爲最簡單的構造。(b)也是投入型，將欲清洗工件裝在燒杯內置入清洗槽中，此法更換洗淨液容易，但因爲是間接使用超音波，洗淨效率較差。(c)是直接將振動子貼於洗淨槽底部，構造較簡單，故障少，是目前最常用的方法。有時因爲洗淨物的大小、形狀等因素，可將超音波振動子裝在洗淨槽的側面或液表面。或是組合多種超音波之發射方式。洗淨槽的材質常用不銹鋼、鈦等材料製作，其板厚約爲 0.1～1mm。

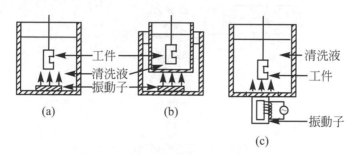

圖 8-22　洗淨槽中安裝振動子的方法

■ 8-4-4　超音波銲接

如圖 8-23 所示，將兩片塑膠夾在壓頭和砧之間，施加適當的壓力，在垂直接合面方向施加超音波振動，使接合面，成熔融狀態而接合。塑膠熔接機(plastics welder)是由超音波振盪器、超音波振動子、壓頭、砧、加壓裝置所組成。現在常用的塑膠熔接機振盪器輸出爲 100W～2kW、周波數爲 15～30kHz，振動子是用鎳或 ferrite 磁致伸縮振動子。圖 8-24 所示爲超音波塑膠熔接機實體照片。

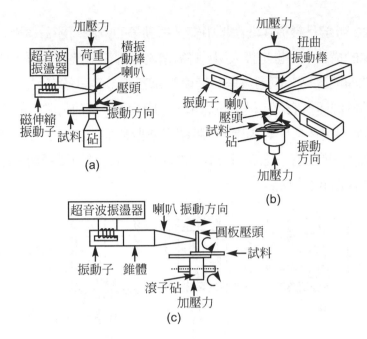

(a)

(b)

(c)

圖 8-23　超音波熔接原理

圖 8-24　超音波塑膠熔接機(明和超音波工業公司提供)

　　塑膠在超音波熔接時，若以滾子等進給熔接材料，可以進行沿縫熔接，另外亦可熔接容器的盒蓋、金屬埋入等。

　　超音波熔接塑膠的特色如下：

1. 熔接面可以不需要完全潔淨。
2. 可熔接鐵氟龍以外的所有熱可塑性塑膠(PVC、PE、PP、saran 等)。
3. 熔接時間非常短。
4. 加工簡單。
5. 熔接強度大。

　　將同種或異種金屬重疊一起，同樣以適當壓力將超音波振動工具壓於欲熔接部位，啟動超音波即可熔接。此時，不需助熔劑(flux)，熔接部位不需通電流也不需加熱，接合方式近似於冷間接合，因此不易產生金屬間化合物，材料組織變化少。

　　如圖 8-23 所示，金屬的超音波熔接方法有，(a) 點熔接，(b) 環熔接，(c) 連續沿縫(seam)熔接等。

　　金屬超音波熔接的特色如下：

1. 接合部位變形少。
2. 材料不熔融。
3. 熱影響層不明顯。
4. 沒有脆弱的金屬間化合物，結合力強。
5. 可熔接箔狀材料或異種金屬之熔接等，可進行小部位之接合。
6. 可接合特殊金屬。
7. 不會產生有害之氣體。
8. 作業時間短(5 秒以內)，可自動化作業。
9. 熔接部位不必特別清淨化處理。
10. 熔接成本低。

■ 8-4-5　超音波輔助切削加工

　　超音波輔助切削加工,是利用超音頻振動,帶動切削工具或工件在高頻率振盪下直接接觸加工,不需特別工具或漿體配合,以超音波輔助振動達到去除材料目的,但需注意的是切削速度需遠小於工具的振動移動速度,否則將與一般的切削無異。超音波輔助切削加工可以比傳統加工方式更有效率的加工金屬或非金屬材料。其方法是將超音波機構裝設於傳統工具機上進行加工。其優點是可以增加材料去除率、降低切削阻力與摩擦力、減少工具磨耗及改善加工面精度與形狀精度等。目前常使用於微細加工或高硬度材料之加工。

1. 超音波輔助鑽孔加工

　　如圖 8-25 所示,在傳統鑽削刀具裝上超音波振動機構,利用高頻率振動與其微小振幅變化,使刀具切削力之作用時間關係,從正弦波形變化轉變成脈波型式變化,可以有效降低切削力,減少刀具摩擦阻力,增進排屑順暢,並可以提高切削穩定性,增加刀具壽命,增進切削表面精度與定位精度。

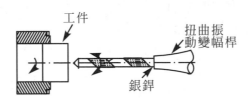

(a) 利用扭曲振動鑽頭鑽孔

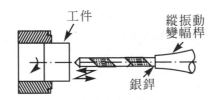

(b) 利用縱振動鑽頭鑽孔

圖 8-25　超音波輔助鑽孔加工

2. 超音波輔助車削加工

超音波輔助車削加工，係利用振盪器產生高頻率振動，以傳感器將振動能量傳至切削刀具上。在車削過程中，得到與傳統車削方式不同之刀具路徑及切削力分布，得以改善加工效率及加工件品質精度，尤其應用於難切削材料加工方面，有良好使用效果。圖 8-26 所示為超音波輔助車削加工機構。

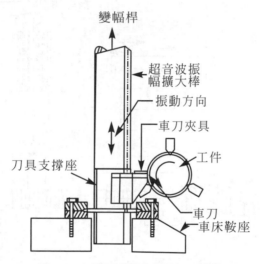

圖 8-26　超音波輔助車削加工機構

　　超音波應用於切削加工除了上述兩種外，尚有各種應用於與其他加工相結合方式，例如鉋削、銑削、攻螺紋、拉孔、鋸切等，如圖 8-27 所示。其他如超音波拋光、超音波放電研磨、超音波磨料噴射加工等，顯示超音波輔助加工有其應用效果。

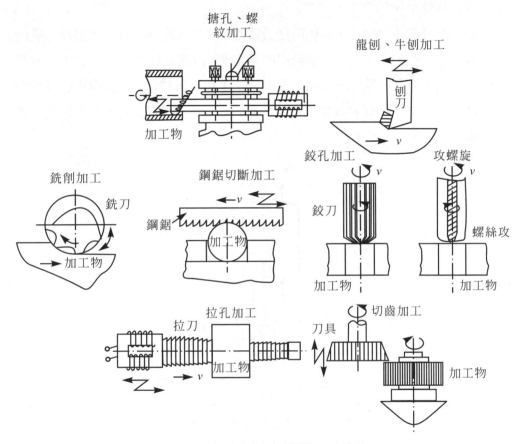

搪孔、螺紋加工

龍刨、牛刨加工

刨刀

加工物

鉸孔加工

攻螺旋

銑削加工

銑刀

鋼鋸切斷加工

鉸刀

螺絲攻

鋼鋸

加工物

加工物

加工物

加工物

拉孔加工

切齒加工

拉刀

刀具

加工物

加工物

圖 8-27　超音波應用於切削加工之方法

■ 8-4-6　超音波輔助電鍍與電解加工

在電鍍的過程中加以超音波震盪，可以改善電鍍的品質，例如鍍銅、鋅、鎳等時施以超音波，可增加電流效率、改良光澤、減少針孔。其原因係超音波會在固體與液體界面處產生攪拌作用，使電解液的離子濃度梯度降低，有助於金屬之析出。

超音波的施加方式有二種，一是直接以超音波振動電鍍工件的方法，另外

一種是對電鍍液加以超音波震盪，而不直接振動工件本身。其中以後者較為實用。圖 8-28 為超音波輔助電鍍之示意圖。

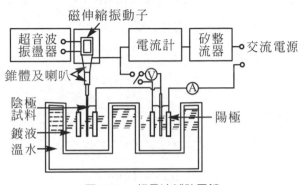

圖 8-28　超音波輔助電鍍

　　超音波的加工會使得工具磨耗，而電解加工則是加工速度慢。超音波電解加工就是因應這兩者的缺點而來，它的加工原理很簡單，即是把原來的電解頭加上超音波的振盪，在電解液中加入研磨顆粒，加工時工件表面在電解液的作用下，產生陽極溶解而生成陽極的鈍化膜，此鈍化膜則被超音波振動的工具以及磨料被刮除。

■ 8-4-7　超音波輔助無電電鍍

　　超音波輔助無電電鍍是將超音波與無電電鍍結合為一的加工法，可以說是一種複合加工法。以鍍銀為例，它的原理是利用超音波空化現象所產生的震盪，在鍍液中形成衝擊波，使得鍍銀反應中生成的銀粒子破碎，不斷的細化。此時超音波產生的輻射強壓，一方面會引起攪拌效應，而另一方面會使鍍液中的液體與反應粒子因不同加速度造成摩擦和騷動，而進一步細化沉積的銀粒子。細化的銀粒子，會沉積到工件表面上，再受到超音波不斷打擊，使銀鍍層更加的細緻。除了這個好處外，無電電鍍過程中所產生的騷動和摩擦對析出的銀表面還有連續的清洗作用；另外，超音波震盪使鍍液能及時補充，再加上超音波的熱效增加，而使鍍銀的時間縮短。

■ 8-4-8　旋轉式超音波加工機

圖 8-29 為旋轉式超音波加工機，其規格如下：

1. 超音波振動頭：旋轉式超音波加工頭。

2. 振動子：電壓式振動子。

3. 電源：110V。

4. 出力(max)：200W。

5. 超音波振幅調整設定：20KZ~25KZ。

6. NC 控制：(a)加工進給速度：2um/s~1mm/s。

　　　　　　(b)加工深度速度：z 軸(max)~20mm。

　　　　　　(c)主軸轉速：100RPM~10000RPM。

7. 微加工壓調整：100g~5kg，加工緩衝裝置。

8. 工具夾具固定大小：直徑 2.4mm，直徑 3mm，直徑 6mm。

9. 工作台：十字滑座附百分表，移動範圍 ~50mm，工作夾持範圍 100mm×100mm。

圖 8-29　旋轉式超音波加工機

圖 8-30 為比較超音波加工機與傳統式超音波加工機之差異,其優點如下:

1. 加工時間減少 1/2 至 1/5。

2. 加工工具(鑽石針)的壽命延長 2 至 20 倍。

3. 加工穴的破裂機率與程度大幅的降低。

4. 加工的真圓度提高 50%以上。

5. 加工工具的安裝及可變性是傳統式不能相比 ,此機只需卸下或鎖上鑽石
   針即可,而傳統式則需繁瑣的焊接過程。

6. 搭配 NC 控制精度可達 0.01 以下重複精度 0.005 以下,加工深度則可依機
   械結構設計不同,最小 0.2mm 孔徑×深度 0.5mm 至 10mm 孔徑×深度
   100mm。

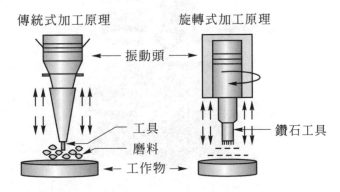

圖 8-30　旋轉式超音波加工機與傳統式超音波加工機的比較圖

■ 8-4-9　PLC 超音波精密加工

可程式邏輯控制器(Programmable Logic Controller,簡稱 PLC),國際電工
委員會(IEC)將 PLC 定義為一種數字運算操作的電子系統,採用可編程序的存
貯器,於內部存貯執行邏輯運算、順序控制、定時、計數和算術運算等操作的
指令,再通過數字、模擬的輸入和輸出,控制各種類型的機械或生產過程;PLC

及其有關設備之設計原則，為較易於與工業控制系統形成整體和易於擴充該功能。而 PLC 超音波精密加工之工作原理，是通過超音波加工主軸產生振動，鑽石工具的振動頻率每秒 20~25KHZ，將工件表面的微粒一一分離，在加工硬脆材料時，其加工速度比傳統加工速度高出五倍；刀具和工件之間不斷地接觸與分離，大大地降低了工作力與熱負荷，因此保護刀具和工件，刀具的壽命比傳統加工法耐用 5 倍以上。再者，PLC 超音波精密加工其應用範圍，從石磨電極、玻璃光導元件、氧化鋯齒冠、矽感測器、藍寶石、碳化矽均可作加工研磨。

圖 8-31　　PLC 超音波精密加工機

習 題

1. 試述超音波加工之原理。

2. 超音波加工的主要控制參數有那些?

3. 超音波加工在工業、農業或其它行業中的應用有那些?

4. 以超音波加工有何優缺點。

5. 超音波加工時的進給系統有何特點?

6. 共振頻率為 25KHz 的磁致伸縮型超聲清洗器底面中心點的最大振幅為 0.01mm，試計算該點最大速度和最大加速度。它是重力加速度 g 的多少倍?

NONTRADITIONAL MACHINING

流體噴射加工

■ 9-1　流體噴射加工的基本原理和特點

■ 9-1-1　流體噴射加工的基本原理

　　流體噴射加工(liquid jet machining，簡稱 LJM)又稱水刀加工(water jet machining，簡稱 WJM)。是以高速流動的水流對工件進行噴射，達到工件材料切割加工之目的。如圖 9-1 所示，水或其他流體經過混和過濾後，抽送至蓄能器中使脈動之水流平順，然後經增壓器增高水壓，其壓力可達 40～700MPA。高壓水經過控制器和閥門，最後由開有 0.1～0.5mm 細孔之人造藍寶石噴嘴噴出，形成 500～900m/s(約為音速的 1～3 倍)的高速流體流，對材料進行精細切斷、開孔、破碎等切削，而達到去除材料的加工目的。高速流體的能量密度可達 10^{10} W/mm^2，流量為 7.5L/min，此種流體的高速衝擊，具有極

強的加工作用。影響流體噴射加工性能之變數計有：噴嘴口徑、水壓力、切割
進給速率、以及噴嘴與工件之間距等。通常在下列的切削條件下可以得到較高
的切割品質，即：高壓力、大的噴嘴口徑、低進給速率、以及小的間距。然而，
優良的切削條件組合是需要進行多次試驗才能得到。

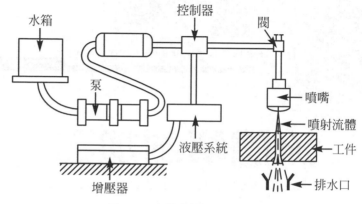

圖 9-1　流體噴射加工示意圖

■ 9-1-2　流體噴射加工的特點

流體噴射加工是利用連續的高速水流作為切割工具，與其它的切割加工方
法如機械加工的車、銑、磨削、雷射切割、火焰切割、線切割等有許多不同之
處。其主要特性如表 9-1 所示。

表 9-1　流體噴射加工主要特性

主要特性	說明
冷加工	作爲切割介質的水具有良好的散熱性，並對發熱工件具有冷卻作用。 工件切口處的溫度小，不會造成工件的燒蝕、氧化及金相組織變化，被切工件無熱變形和熱影響區，亦沒有熔渣和鑄層產生。 不會起火爆炸或產生危險氣體。
點切割	切割可以在任意點開始和停止切削。 工件切縫很窄(0.075～0.40mm)，切割造成的材料損耗少，適於切割各種貴重材料。 切縫寬度均勻、細窄。 可進行穿孔、修邊、雕花等多種切割。
作用力小	射流穿透力強，作用力小，可有效地切割易變形材料，如海綿、橡膠製品。 側向作用力小，避免產生切口變形。 可高效率地切割各種非金屬複合材料、蜂窩結構材料，以及泡沫塑料和波紋紙板、石棉瓦等特殊材料。 可切割銅、鉛、和鋁等薄軟金屬材，以及塑料、木材和紙張等非金屬材料。
具綜合使用性	切割不同硬度的合成材料時，可去除軟的部位，保留硬的部分。 通過控制水壓，可進行切割深度的調整並完成切割、清洗作業。 切割的廢液可排屑，故無灰塵、無污染。 加工精度較高，一般可達 ±0.075～0.1mm。
安全、方便、高效率	用水切割時無任何有害氣體或物質產生。 操作簡單。 噴嘴和加工表面無機械接觸，可用於高速加工。 可透過數控進行複雜形狀的自動加工。
成本低	加工液—水的費用低，在缺水的情況下，水還可以循環使用。 噴嘴等部件可在清洗後重複使用。 設備維護費低。

■ 9-2 流體噴射加工的基本設備

流體噴射加工機的基本設備如圖 9-2 所示，主要由液壓系統、切割系統、控制系統、過濾設備所組成。

■ 9-2-1 液壓系統

液壓系統主要包括：增壓器、控制器、泵、閥、過濾器及密封裝置。其中泵、閥、控制器、密封裝置等設備元件，可根據有關標準選用。

水在加壓前須先經過過濾，良好的過濾器應能濾除流體中的塵埃、微粒，礦物質沉澱物，過濾後的微粒應小於 0.45μm。一般流體要經過二組三級過濾，即經過完全相同的二組過濾器，增加過濾器使用的可靠性。三級過濾是流體須經過三次過濾，其每組過濾器由 0.45、1、10μm 三種規格金屬濾網組成。

在流體噴射加工中，有兩種完全不同的產生高壓水柱方式：液壓式泵與柱塞式泵。

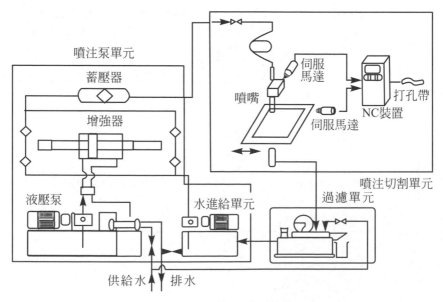

圖 9-2　水噴射切割系統

1. 液壓式泵

   以液壓增強泵來加壓切割用水，受加壓之水流入一個蓄壓器中，以避免在切割噴柱中產生脈動。此泵是以 ON/OFF 開關來控制的。在靜液壓實驗下，此泵可以成功產生高達 200ksi (1379MPa)的壓力。

2. 柱塞式泵

   此高壓泵是以曲柄連桿組方式直接加壓切割用水，也稱為曲柄往復式或機構驅動式泵。當水流進高壓液壓缸之後，立刻以柱塞加壓至 64ksi (441MPa)。以此方法持續產生高壓的水在切割時，其能量效率高達 30%，超過液壓式泵連續操作之直接作用。液壓緩衝缸吸收了超過 64ksi (441MPa)的壓力，以防連續性壓力破壞了高壓零件。圖 9-3 為柱塞式泵機械結構的示意圖。

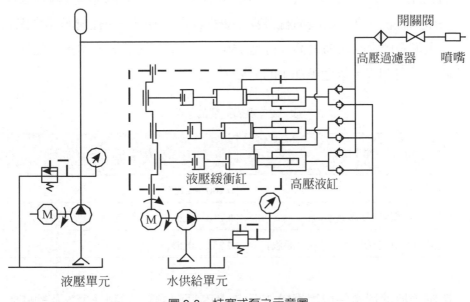

圖 9-3　柱塞式泵之示意圖

水在超高壓的情況下是可被壓縮的。實驗證明，水在 400MPa 時的壓縮量約為 12%。以增壓器增壓時，會造成高壓系統的壓力波動，為避免波動，須採用蓄壓器。其工作原理是利用水在超高壓下的可壓縮性，當系統的壓力下降

時，靠蓄壓器中被壓縮的水的膨脹作功來穩定壓力。所以這個蓄壓器實際上是一個帶有過濾元件的超高壓容器。增壓器是切割系統的核心裝置，一般輸出水壓為 200～380MPA，流量為約 4.7 L/min。

■ 9-2-2　切割系統

噴嘴是切割系統中最重要的零件，噴嘴應具有良好的噴射、流動特性和較長的使用壽命。噴嘴的結構必須依據加工要求而定，常用的噴嘴有單孔和分叉兩種。

噴嘴的直徑、長度、錐角及孔壁表面品質對加工性能有很大影響，一般在選擇噴嘴時要根據工件材料特性加以考慮。表 9-2 所示為切割不同材料時，選擇噴嘴孔徑大小之重要參考資料。噴嘴的材料應具有良好的磨性、耐腐蝕性和承受高壓的性能。常用的噴嘴材料有：硬質合金、藍寶石、紅寶石和金鋼石。其中，金鋼石噴嘴的壽命最高，可達 1500h，但加工困難、成本高。此外，噴嘴位置應為可調式，以適應加工的需要。

表 9-2　噴嘴孔徑的選擇

工件材料	噴嘴孔徑(mm)
塑料、紙板、地毯	0.100～0.125
複合材料、玻璃鋼、軟薄金屬版	0.150～0.200
厚而難加工材料(如厚玻璃、厚軟金屬版)	0.255～0.300

切削流體的選擇係依實際操作而定，切割面品質、切割速度、及總成本等將決定是選擇水或是選擇聚合物溶液(水加添加劑)為加工流體的主要決定因素。不過一般常使用水或加入磨料作為切削液為主，加入磨料可提高材料切除率但會增加管路及噴嘴之磨耗。加工較銳利的邊緣時，一般會另採用聚合物溶

解劑當作切削流體，因爲它能夠提供較佳的凝聚噴柱，如甘油、聚乙烯氧化物或長鍵的聚合物等都是一些較常使用的添加劑。所選用之切割流體將會影響噴射切割之貫穿性。

■ 9-2-3　控制系統

　　流體噴射加工之控制方法包括手動操作、光學循跡系統或 NC 系統三種。這些方法都可以應用於液壓式泵和柱塞式泵的機型上。

1.　光學循跡系統

　　光學循跡系統使用光學掃描器，在原稿圖案上掃描線圖，並產生電子信號來控制機台之 X—Y 軸。使用光學軌跡系統時，線條圖案可以用鉛筆畫出。因此很容易進行圖案之修改作業，圖 9-4 所示爲光學控制系統之示意圖。

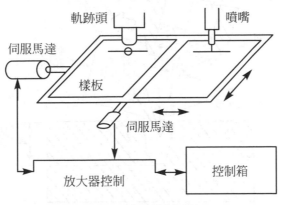

圖 9-4　光學控制系統

2.　NC 系統

　　流體噴射加工在大量生產時，較適用 NC 系統，因爲此系統能重覆且精確地切割任何形狀之工件。NC 系統可以控制三次元方向，此方式能提供凹凸不平之表面上工作，而使噴嘴與工件表面保持一定的距離，以獲得均勻切割效果，例如切割汽車內裝之頂板即是應用實例。

■ 9-3 流體噴射加工的加工參數和加工品質

■ 9-3-1 流體噴射加工的加工參數

如圖 9-5 所示，流體噴射加工的主要控制參數如下：

1. 流體壓力

   流體噴射加工所使用之流體壓力一般在 40～700MPA 之間。

2. 流體速度

   流體噴射加工所使用之流體速度一般在 300～400m/s 的範圍，噴射流量一般為 7.5L/min。

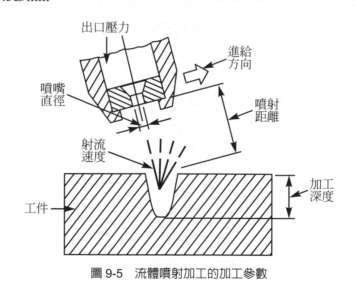

圖 9-5　流體噴射加工的加工參數

3. 噴嘴孔徑

   根據工件材料、加工精度即切割範圍來決定，一般在 0.05～0.38mm 之間。

4. 能量密度

   為高壓水噴到工件單位面積上的功率，可達 10^6 W/mm^2。

5. 噴射距離

指噴嘴至工件的距離，根據不同加工條件，噴射距離有一最佳值。一般範圍爲 2.5～50mm。

6. 噴射角度

噴嘴噴射方向與工件加工面垂線之間的夾角稱爲正前角，流體噴射加工所採用之正前角一般爲 $0°～30°$。

■ 9-3-2　流體噴射加工的加工速度

流體噴射加工時，加工速度與工件材料性質、流體壓力大小有關，表 9-3 所示爲一些材料進行流體噴射加工時之加工參數。當加工速度或加工深度一定時，增加流體壓力，都可以提高加工速度。因此提高流體壓力對提高加工深度和加工速度均有利。但是提高流體壓力必須要增加功率消耗，對液壓系統的密封程度要求要更高。改變流體成份，例如水中加化學劑或磨料的加工方法，也可以提高加工速度，且可加工更硬的工件。此外，改變噴嘴與工件表面的距離和增大噴嘴孔徑及流體流量，都可提高不同程度的加工速度。

表 9-3　流體噴射加工不同工件材料的流體壓力與加工速度

工件材料	厚度(mm)	噴嘴口徑(mm)	壓力 ksi(MPA)	進給率(m/s)
苯乙烯	3.0	0.075	248	0.0064
聚丙烯	40		420	2.5
聚乙烯	3	0.05	286	0.0092
橡膠皮帶		0.05	296	0.0232
皮革	4.45	0.05	303	0.0091
多孔鋁	25		420	0.85
硬木紙板		0.10	248	0.70

表 9-3　流體噴射加工不同工件材料的流體壓力與加工速度 (續)

工件材料	厚度(mm)	噴嘴口徑(mm)	壓力 ksi(MPA)	進給率(m/s)
新聞紙		0.10		10.6
印相紙	2 層		100	180
膠質玻璃	10	0.38	412	0.07
環氧樹脂石墨	6.9	0.35	412	0.0275
棉紗、尼龍物質	50 層		120	3.20
膠合板	6.4		420	1.70
石棉水泥	18	0.2	392	17
奶油	50	0.2	294	8
冰	230	0.3	294	17

■ 9-3-3　流體噴射加工的加工面品質

　　流體噴射加工的加工面品質主要取決於加工穩定性、相對運動的精確程度及工件材料特性。由於流體噴射加工中的工作壓力比較穩定，而且噴嘴孔磨損微小，故加工穩定性較好，對加工品質無不良影響。只要噴嘴孔尺寸精度夠高，工件加工精度就好。一般穿孔直徑或切縫寬度的擴大量，約大於噴嘴孔徑0.025mm。

　　噴嘴與工件相對運動的運動精度及機械零件本身的精度對加工精度影響較大。運動精度高，加工的輪廓精度也高，若進行速度較慢時，切割品質會更好。但是由於噴射束流的擴散作用，工件孔易產生錐度，且隨噴距的增大和切割厚度的加大而變大。所以為保證複合材料或夾層材料的加工精度和表面品質，應盡可能採用高壓束流、小直徑噴嘴、微小前角、小的噴距進行加工。加工精度和切邊品質與工件材料有關。加工或切割塑性好的材料可獲得較高的加

工精度和較好的切邊品質，此時所用的流體流速能量密度不宜太高，而進給速度則不宜太低。

■ 9-4 流體噴射加工的應用

流體噴射加工可以加工很薄、很軟的金屬和非金屬材料，已廣泛用於鋁、鉛、銅、鈦合金版、複合材料、石棉、混凝土、岩石、軟木、地毯、膠合板、玻璃纖維板、橡膠、棉布、紙、塑料、皮革、不銹鋼等近 80 種材料的切割。

流體噴射加工可代替硬質合金切槽刀具，可切割材料厚度從幾毫米至幾百毫米，且切邊品質很好。此外，鑄件的清砂、鋼版的除鏽、除垢等均可用流體噴射加工來達成，而且其效果明顯。

用水噴射加工可以去除汽車空調機氣缸的毛邊，由於缸體體積小、精度高、盲孔多，用手工去毛邊，需要大量人力，以水刀可自動化，使生產率大幅度提高。

用高壓水間歇地向金屬表層噴射，可使金屬表層塑性變形，達到類似噴砂處理的效果。例如，在鋁材表面噴射高壓水，其表面可產生 5μm 硬質層，材料的降伏應力可以提高。此種表面強化方法不僅清潔、流體便宜、噪音低，還可在化學加工的零件保護層表面劃線。

流體噴射加工目前較常應用的六個領域如表 9-4 所示。

表 9-4　高壓水刀技術的應用前景

序　號	應用領域	說明
1	高壓水刀輔助機械加工	在刀具切削附近安裝一個高壓水流噴口，水直接噴向切割區，清除切削熱，又對材料產生附加的裂紋擴展作用，因而降低了切削力。
2	高壓細水刀在醫學方面的應用	高壓細水刀主要用於結石破碎，肝病變切除等。例如做肝臟手術時，可利用調壓後的水流先把病變組織切除，並完整地保留血管組織，再進行縫合，可避免大出血。

表 9-4　高壓水刀技術的應用前景 (續)

序　號	應用領域	說明
3	用磨料水刀對高硬金屬陶瓷進行補充加工	金屬陶瓷被譽爲第三代工程材料 它有高的硬度和耐磨性，是理想的耐高溫材料，但加工十分困難，磨料水刀的出現可改善其加工性。
4	用高壓水刀強化金屬材料	目前有許多零件爲提高其疲勞壽命，都要進行表面強化：將金屬表面的拉應力變爲壓應力。通常機械加工後的材料表面會變得很粗糙，利用高壓水刀對零件表面的沖擊，不僅可達到強化效果，還不會增加材料表面的粗糙度。
5	高壓水刀噴射技術	利用高壓水刀的能量將球形物質鑲嵌到零件材料基體中去，即屬於冷噴射塗料加工，因而使噴射塗料技術更爲完善。
6	高壓水刀連接技術	把一種極薄的材料銲到另一種很厚的材料基體上，用現有的銲接方法極爲困難。但是利用高壓水刀極高的駐點壓力，即可把極薄的材料嵌入到另一種材料基體上，以達到連接目的。

習　題

1. 試述流體噴射加工之原理。

2. 流體噴射加工主要控制參數有那些?

3. 從滴水穿石到流體噴射切割的實用化，要具體解決什麼技術關鍵問題?

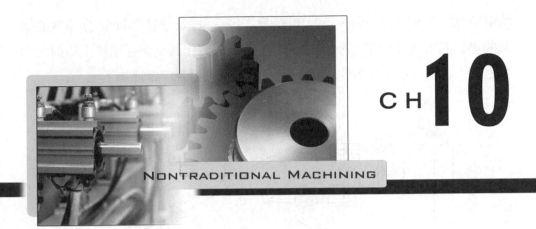

NONTRADITIONAL MACHINING

CH**10**

磨料噴射加工

磨料噴射加工(Abrasive Jet Machining, AJM) 50 年代初開始在美國應用，主要是利用以含有磨料粒子的高速氣流撞擊工件表面而達成去除材料的目的。一般傳統的噴砂加工磨料較細，加工程序參數及切削作用必須小心的控制；而磨料噴射加工可以應用於在大量的切削、去除毛邊及清潔操作的狀況下，切削軟或硬的材料(鍺、矽、雲母、玻璃和陶瓷)。由於磨料噴射加工之氣流有冷卻之作用，所以其切削過程是在常溫加工。

■ 10-1 磨料噴射加工的基本原理和特點

磨料噴射加工是利用磨料與高壓空氣(或其他氣體或水)混合而成的高速氣流，經噴嘴直接噴射衝擊工件表面，依靠磨粒的沖刷、拋磨作用來去除材料以達到加工目的(如圖 10-1 所示)。加工時，氣源供給乾燥、潔淨、具有適度壓力的氣體。混合室是利用振動器來進行空氣與磨料之攪拌，使磨料均勻混合。

噴嘴緊靠工件並具有一個很小的角度。操作過程是在一個封閉的防塵罩或能排氣的集塵器下進行。利用銅、玻璃或橡皮罩可以製作圖案而在工件上噴射出相同之圖形。透過加工參數的選擇，可對不同材料和要求進行加工。

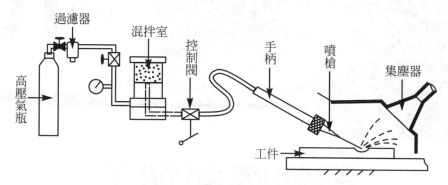

圖 10-1　磨料噴射加工示意圖

　　評估磨料噴射加工成效的主要項目有：材料去除率、切削形狀、表面粗糙度及噴嘴磨耗率。而磨料噴射加工切削率及去除毛邊的能力，以及加工面之特性，將完全依磨料的型式、噴嘴和工件之間距，固定噴嘴的角度、磨料噴射速度、空氣壓力，以及混合室到磨料儲存桶間連結管之尺寸等條件而定。

　　磨料粒子對於脆性及延性兩者材料的侵蝕作用之理論模式，已經發展出來，對於延性材料而言，有兩種侵蝕型式：重覆變形所導致的磨耗，以及切削時的磨耗。

　　磨料噴射加工之特性如表 10-1 所示。

表 10-1 磨料噴射加工特性

原理	高速氣體－磨料蒸汽
介質	空氣，CO_2
磨料	0.001 in. (0.03mm)直徑 3～20 g/min，非再循環 Al_2O_3，SiC
速度	500～1000 ft/sec (152～305 m/sec)
壓力	30～120 psi (207～827 kPa)
噴嘴	0.003 in.～0.018 in. (0.08～0.46mm)直徑
材料	碳化鎢，合成藍寶石
壽命	12～300 hrs
噴嘴與工件之距離	0.010 to 3 in. (0.25～76mm)
主要加工參數	磨料流動率和速度 氣體流動率和速度 噴嘴/工件間距 磨料粒度和形狀 衝擊角度
加工材料	金屬和合金(尤其是薄斷面之硬材料，如鍺、矽等) 非金屬(玻璃、陶瓷、雲母)
加工方式	鑽孔、切割、去毛邊、蝕刻、拋光、清理
缺點	低材料去除率 磨料崁入工件 不能攻牙 需以噴灑切削方式加工

磨料噴射加工之特點如下：

1. 可加工軟、韌性材料，去除率低，但適合水晶、寶石、玻璃、陶瓷等特別脆硬材料的加工。

2. 可進行工具無法進入工件部位的精密切割、去毛邊、表面處理、蝕刻，甚至拋光，且加工面積較小，無熱應力和表面損傷。

3. 設備簡單，功率消耗較小，加工成本較低。

4. 噴嘴易磨損，如此將影響加工精度的控制。

5. 噴射加工的噪音、磨料產生的殘渣，對人體有害，且會污染環境。必須配備除塵、消音裝置。

6. 加工表面會遭磨料彈跳或亂射而損傷。

10-2 磨料噴射加工的基本設備

磨料噴射加工的基本設備主要由高壓氣源、磨料儲藏混合室、噴射系統、集塵器等所組成(如圖 10-1 所示)。

1. 高壓氣源

   主要在供給乾燥和潔淨的氣體，其壓力為 690～870kPa，溼度應小於 5×10^{-5}。一般空氣、二氧化碳、氮氣都可當做氣源，純氧會與磨料或去除產物產生氧化反應，所以不能作為氣源。

2. 磨料儲藏混合器

   在混合室上裝上震動器，使磨料激盪，以維持磨料、氣體均勻而充分的混合及儲存。

3. 噴射系統

   由輸送管、控制閥、噴嘴等組成。必須配合工件材料和加工要求，調節噴射能量、噴射距離、噴射方向等。輸送管道的彎頭不能太大，以減小磨料

流的能量損失及管道損失。噴嘴應耐磨損、使用壽命高，一般由硬質合金或藍寶石製作而得。

4. 集塵器

加工過程中的灰塵、殘留物、粉末微粒等對人體產生危害及污染環境，必須安裝集塵器、除塵裝置。

10-3　磨料噴射加工的加工參數

1. 加工速度

加工去除速度是指單位時間內，噴射去除工件材料的體積或重量。單位是 mm^3/min 或 g/min。

磨料噴射加工的加工速度通常較低。在切割金屬材料時，僅為雷射加工的 10%～20%；加工玻璃的去除速度則約為 $16.4mm^3/min$；加工陶瓷材料時，則僅為加工玻璃的 1/2。影響去除速度的主要因素除了工件材料外，還有磨料種類和粒度、噴射壓力、噴射距離、噴嘴直徑及噴嘴與工件的夾角等。

2. 磨料

磨料直接影響工件材料的去除速度，可根據加工類型而加以選擇(如表 10-2 所示)。具有尖銳邊的磨料粒子形狀會比圓滑表面形狀者具有更高之切削效率。在常用的磨料中，以碳化矽磨料，其去除速度最高，比用氧化鋁磨料高 20%～40%；用石英砂磨料，其去除速度僅為用氧化鋁磨料的 1/2。磨料粒度也會影響去除速度，如圖 10-2 所示。粒子尺寸在 15 到 40 微米之間通常會獲得最佳之切削效果。氧化鋁或碳化矽粉一般使用的直徑為 12.7 或 50 微米。磨料粉粒通常不再重複使用，不只是因為其切削或磨削作用減弱，最主要是會阻塞到噴口，磨料粉必須保持乾燥，潮濕的粉末會變的粗大而阻塞噴嘴，太細的粉末則會在儲存筒中結成硬塊。

磨料之質量流動率僅與氣體質量流動和壓力有關，隨著磨料流量的增大，加工速度隨之增大，當流量達到某一最大值時，去除速度反而有所降低。這是因為過大的流量會減小磨料流的衝擊能量和減少衝擊工件表面的磨粒數。另外，流量過大會增加噴嘴的磨損，甚至將噴嘴堵塞，另外增加混和比將降低氣體的流動速度，此舉也會降低材料去除率。

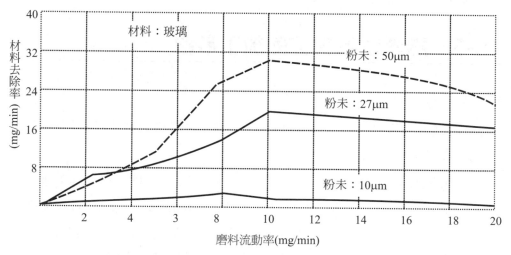

圖 10-2　玻璃切割中，磨料粒度與切削速率的關係

表 10-2　加工類型與常用磨料

加工類型	磨料名稱	磨粒尺寸(μm)
去毛邊和拋光	玻璃球	0.635～1.27
蝕刻和拋光	石英砂	約 200(目)
切槽	氧化鋁	10，20，30
切槽	碳化矽	25，40
50℃以下精加工	碳酸氫鈉	27

3. 噴嘴壓力及噴射角

　　通常噴射壓力增加時，去除速度亦隨之增大，但其增加趨勢比較平緩，即在 690～830kPa 範圍內提高噴嘴壓力，對去除速度的影響不明顯。噴射角是指噴嘴軸線與工件表面切線的夾角。噴射角過大，磨粒將附著在工件表面；噴射角過小，磨粒將在工件表面上打滑，難以去除材料。

4. 噴嘴

　　一般噴嘴是以碳化鎢或合成藍寶石製成。正常的加工下，噴嘴孔口之截面尺寸在 0.08～0.81mm 之間。典型的噴嘴尺寸及構造如圖 10-3 所示。

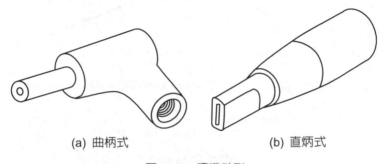

(a) 曲柄式　　　　　　　　　　(b) 直炳式

圖 10-3　噴嘴外型

　　噴嘴的平均壽命，很難建立一個標準評估模式，一般是依其使用的工作性質而定。碳化鎢噴嘴至少可以加工 12 到 30 小時，若是間歇式操作，則壽命更長。藍寶石噴嘴在使用 27 微米之粉末加工時，其平均壽命約為 300 小時左右。

5. 氣體

　　磨料流之出口速度接近於空氣與磨料混合體之速度。影響流動速率的因素有：氣體(分子量、黏度及速度)與磨料(密度和直徑)。假如氣體流中沒有磨料，當氣體流壓力除以噴嘴出口壓力之壓力比值大於 2 時，其氣體出口為音速。若假設穩態流動，即氣體速度等於磨料速度，則出口速度將低於

純氣體之音速,而且當氣體流中磨料之質量因素增加時,其出口速度將減少。

6. 噴嘴與工件表面的距離

最大磨料束流速度發生在噴嘴出口處,之後迅速衰減並散開。因此,噴嘴與工件表面的距離不同,去除速度亦不同(如圖 10-4 所示)。最大工件材料去除速度發生在噴嘴與工件表面的距離為 6～8 倍噴嘴直徑處。

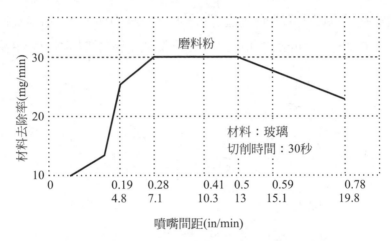

圖 10-4 玻璃切削時,噴嘴間距與切削速度之關係

7. 加工精度

由圖 10-5 可知,改變噴嘴與工件表面的距離,直接影響工件的加工精度。隨著噴嘴與工件表面距離的增大,切割縫隙隨之增寬,且出現錐度,加工精度明顯降低。此外,選用合適粒度較小的磨料和減小噴嘴直徑也都可以提高加工精度。磨料噴射加工精度,一般為 ±0.13mm 左右。

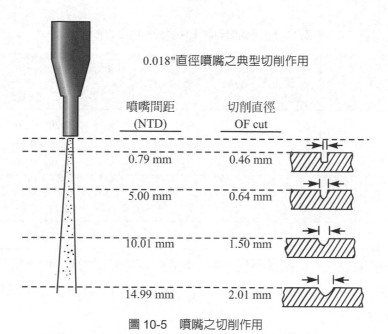

圖 10-5　噴嘴之切削作用

8.　加工表面品質

由表 10-3 可知，磨料的粒度大小對工件表面質量影響較大，但磨料的種類卻影響不大。磨料的粒度細、工件的表面粗糙度就低；相反，工件表面粗糙度就高。如果原始工件表面比較光潔，磨料尺寸選擇過大，還可能加工後工件表面變粗糙，因此必須根據工件材料和加工需求，選擇適當的磨粒尺寸。

表 10-3　不同磨料對工件表面粗糙度的影響

磨料	磨粒尺寸(μm)	表面粗糙度 Ra(μm)	
		玻璃	不銹鋼(退火)
氧化鋁	10	0.15～0.20	0.20～0.50
	28	0.36～0.51	0.25～0.53
	50	0.97～1.40	0.38～0.96
碳化矽	20		0.30～0.50
	50		0.43～0.86
玻璃球	50		0.30～0.96

　　磨料噴射加工的表面呈不規則的小坑洞，為無光澤的表面，其表面粗糙度為 Ra0.15～1.6μm，表層組織緊密，具有殘餘壓應力，可使工件表面的疲勞強度及表面質量。

　　為了提高工件表面質量，噴射角不可過小，噴嘴與工件的運動速度應平穩、均勻，加工較軟的工件材料後，應徹底清除表面殘留物。

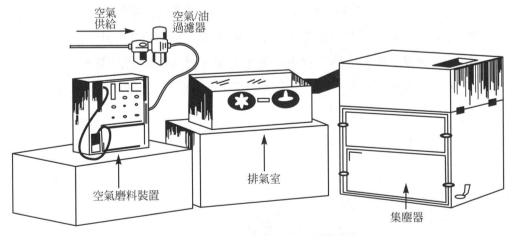

圖 10-6　磨料噴射加工裝置

10-4　磨料噴射加工的應用

　　圖 10-6 所示為磨料噴射加工裝置和一些附屬配備。此一切削裝置之尺寸約為 $381 \times 381 \times 381$ mm ，此裝置使用 110 伏特交流電，功率為 200 瓦特。

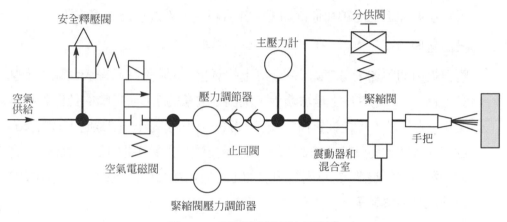

圖 10-7　空氣磨料裝置之示意圖

　　圖 10-7 說明了整個機器的操作情形，以主開關啓動電磁閥，使整個系統進入加壓狀態，再以腳踏開關打開緊縮閥，振動器以 60 cps 在混合鼓動，混合室之內運動將使磨料粉得以進給，經由 8 個小孔進入孔板室中，在孔板室中，磨料將混合入氣體流中，並排放到連接的軟管中，然後再送到手把中；最後，從一小噴嘴，以高速噴射出去，從噴嘴噴出的磨料粉量，可以由可變電阻和電壓計來調整振動振幅進行控制，室中的空氣壓力也可控制，操作完畢，整個系統將以電磁閥啓動釋壓閥來降壓。

　　磨料噴射加工可根據工件材料和加工要求，簡便地更換噴嘴、磨料及調整工作參數，適應各種硬脆材料的切割、去毛邊、清理、蝕刻、穿孔、落料等加工，具有良好的開發和應用前景。

1. 修毛邊加工

   在航空、醫療設備、電腦等技術品質標準提高之下，精確地去除細小毛邊便顯得重要，磨料噴射加工比其他加工方式能更迅速且完全地去除小毛邊，而且不影響其尺寸精度。甚至一些難接觸的地方，如交叉孔或攻牙孔，磨料噴射加工也能順利進行加工，亦可將內、外螺紋之毛邊去除。

2. 表面處理

   磨料噴射切削加工可在陶瓷、金屬上的氧化層，防護鍍層等表面除去金屬黏著物，尤其是零件上無法隨手工刮削或磨輪的工作。噴嘴的位置和噴嘴間距，主要是依工作性質而定，若是除去一小污點或一細線時，噴嘴應靠近工作表面。另外，大多數的工件是手持的，須距手把 12 至 76mm。在製造電子零件製造業上，磨料噴射加工可應用於去除鉛上附著的金屬及電位計上的油漆等等。

3. 調整電阻器

   磨料噴射加工可以經由控制導體材料之切除量，精密地調整堆積式和繞線式兩種電阻器，另外，此製程易於自動化，例如，在電位計線圈上切割一接觸路徑，磨料噴射切削加工比其他方法快 6～10 倍，而且切割路徑上乾淨且精確，線圈上，線的粗細不會影響加工結果，此種加工例中，通常以碳酸鈉為磨料。

4. 微細加工

   若使用自動操作機或樣板罩時，磨料噴射切削加工將可用以改變傳導路徑，調整電阻或電容，或陶瓷元件之形狀。此種精密的加工製程可避免因振動和熱而損害到精密材料。

5. 半導體

   磨料噴射加工可以加工半導體材料，如鍺、矽、鎵等。切削、鑽孔、清理、斜切、及切薄等都可用磨料噴射加工快速且精密地加工。對於薄件、小的

斷面都可以加工，而且不會有振動或熱產生。若有夾具如縮收儀、自動操作機，以及樣板罩等，則可獲得最佳加工精度。

6. 水晶材料

石英、藍寶石、雲母、玻璃及其他水晶結構的材料，都可用磨料噴射加工切削和切割形狀。可以使用樣板罩或夾具來蝕刻模型。

7. 鋼模

磨料噴射加工可以在熱處理過的鋼模和模具上做小量的修整，也可用於去除模具上殘留的材料，或在模具上局部去光澤，作毛面處理。

8. 切割加工

可在玻璃上切割直徑小於 1.6mm 的圓盤，其厚度為 6.35mm，並無表面缺陷；可切割各種硬脆材料，且切縫品質好。

9. 其他金屬加工之切削加工

磨料噴射加工可以在薄且硬材料上鑽孔切割，零件上刻上編號或商標名稱，在局部去除鍍鉻、陽極處理、腐蝕或污物，以及毛面處理。

10. 各種材料之抗磨耗試驗

由於磨料噴射加工的可信度及精確度，有些研究實驗室以它來測試不同材料之抗磨耗程度。一旦口徑測定後，此切削裝置之磨料流動率，將維持一定。因此，不同表面之比較測試，可以顯示出這些表面之磨耗阻抗能力。

11. 雕刻、下料、打孔

在橡皮、鋼及難加工材料等製成的遮膜下，在玻璃或薄板上進行雕刻、下料、打孔等加工。

12. 實驗室之雜項應用

在實驗室內使用磨料噴射切削加工，是為了準備應變計使用前的預先表面，以及在試驗材料上產生人工缺陷。

10-5 磨料流加工

10-5-1 磨料流加工的原理與特性

磨料流加工(Abrasive Flow Machining，AFM)是利用含有磨料及黏性介質的半流動狀態漿料，在一定壓力下擠壓通過工件表面，由磨料顆粒的磨削作用去除工件表面材料(如除毛邊、磨圓角)，以減少工件表面的波紋度和粗糙度，達到精密加工光潔度的加工方法，如圖 10-8 所示。

此圖顯示將工件置於兩個相反擠壓活塞桿的中間，上下磨料室相連，磨料室內注入黏性研磨漿料，由活塞在往復運動過程中，將黏性研磨漿料擠壓通過工件表面而達到表面拋光或去毛邊之功能。圖 10-9 為磨料流加工循環的簡圖。

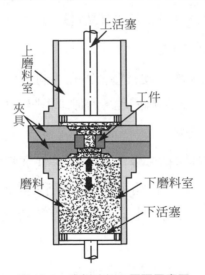

圖 10-8 磨料流加工原理示意圖

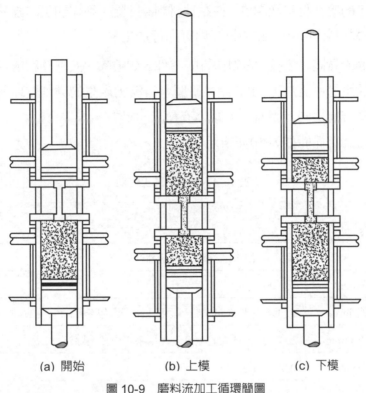

|(a) 開始|(b) 上模|(c) 下模|

圖 10-9　磨料流加工循環簡圖

磨料流加工特點如下：

1.　由於黏性研磨漿料的柔軟性和流動性，容易與任何 s 形狀的工件表面吻
　　合，因此特別適合於內部的、手工難接觸的和複雜型面的去毛邊、倒圓角
　　和拋光加工。

2.　磨料流加工屬於精密拋光加工，加工的均勻性和重複性良好，而且加工表
　　面不產生殘餘應力和熱變形以及變質層，還可用於去除表面缺陷層，因此
　　改善零件表面完整性的有效加工方法。

3.　由於用具有黏性彈性磨料流介質的微細加工，因此不會產二次毛邊問題。

4. 可加工的零件材料範圍廣，從黏性材料銅、鋁，到難加工的鎳基合金以及非金屬材料、陶瓷、硬塑料等均可進行加工。

5. 對於通過氣體、液體、固體物質的零件，如噴嘴、液壓件和擠壓模具等很適合採用磨料流加工。由於黏性研磨漿料流動產生的磨削紋理與上述物質的流動方向相同，因而大大減小流動時的阻力。

磨料流加工性能如表 10-4 所示。

表 10-4　磨料流加工性能

項目	加工性能
重複精度	可達到總加工餘量的 10%範圍內
尺寸偏差量(mm)	±0.005
表面粗糙度(μm)	最低可達到 Ra0.1，一般可比原表面粗糙度降低至 1/4 以下
清除毛邊尺寸(mm)	最大 0.3，更大的毛邊需先用手工方法去除
倒圓角尺寸(mm)	0.025～1.5
加工孔徑(mm)	最小孔徑 ϕ0.2
加工效率	比手工加工高幾倍至幾十倍。不能使用其他方法時，效果更為顯著。

10-5-2　磨料流加工的機台和夾具

磨料流加工機台的結構型式多為立式對置活塞式。根據加工對象和加工需求的不同，可選擇不同大小的機台。活塞對置的結構較簡單，且能在選定的壓力、速度下，靈活地推動黏性介質均勻平穩地通過加工區，獲得良好加工效果。

夾具是機台的重要組成構件，其主要作用除了安裝、夾緊工件、容納介質並引導其通過零件外，更重要的是在介質流動過程中控制介質的流程，因為黏性介質和其他流體的流動一樣，最容易通過那些路程最短、截面最大、阻力最小的通道，為了引導黏性研磨漿料到所需的加工部位，可利用特殊設計的夾

具，阻擋某些流動方向，迫使黏性研磨漿料通過所要加工的部位。例如：為了加工交叉通道表面，出口面積必須小於入口面積。為了獲得理想的結果，有時必須把交叉孔封閉，或有意設計成不同的通道截面，像是加擋板、芯塊等以達到各交叉孔內壓力平衡，加工出均勻一致的表面。圖 10-10 為磨料流加工對交叉孔零件進行拋光和去毛邊的夾具結構示意圖。

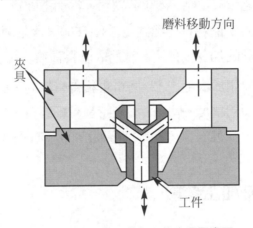

圖 10-10　交叉孔工件加工的夾具示意圖

10-5-3　黏性研磨漿料

黏性研磨漿料為磨料流加工中最關鍵因素，直接影響加工效果。一般黏性研磨漿料由基體介質、添加劑、磨料三種成份均勻混合而成。其主要作用如下：

1. 基體介質

   為一種半固體、半流動狀態的聚合物，其成分屬於一種黏彈性的橡膠類高分子化合物。其主要作用是黏結磨料顆粒。當加工的孔徑較大或孔形比較簡單的表面時，一般使用較黏稠的基體介質。而加工小孔和長彎曲孔或細孔、窄縫時，常使用低黏度或較易流動的基體介質。

2. 添加劑

為了獲得理想的黏稠性、穩定性而加到基體介質中。其種類主要有增稠劑、減黏劑、潤滑劑等。

3. 磨料

一般使用氧化鋁、碳化硼、碳化矽磨料。當加工硬質合金等堅硬材料時，可使用金剛石粉。磨料粒度範圍是 #8～#600，含量範圍在 10%～60%之間，須根據不同的加工工件決定合適的磨料種類、粒度及含量。

碳化矽磨粒主要用於去毛邊，粗磨料可獲得較快的去除速度，而磨料可以獲得較低的表面粗糙度，故一般拋光時都有細磨料，對微小孔的拋光應使用更細的磨料。此外，還可利用細磨料(#600～#800)作為添加劑來調配基體介質的稠度。

10-5-4　磨料流加工參數

1. 加工速度

加工速度與工件材料和工件尺寸、形狀有關外，主要取決於磨料種類、粒度尺寸、磨料含量和黏性研磨漿料的流動速度、擠壓壓力及工作溫度。磨料粒度粗、流動速度快，去除速度就高；增加黏性研磨漿料的工作溫度和擠壓壓力，可提高黏性研磨漿料的流動速度，從而提高去除速度。由圖 10-11 可知，隨著擠壓壓力和介質溫度的增加，孔加工的金屬去除量隨之增加，即去除速度提高。

2. 加工質量

磨料噴射加工的去除量很小、均勻性好，不僅對某一局部的去除量均勻，而且對一批工件加工，其去除量的均勻性仍然很好。因此工件表面的精度較高、表面粗糙度較低，表層硬度有所提高，可改善表層的應力狀態，但不能改善形狀精度及位置精度。加工質量與磨料粒度、夾具設計有關。磨粒尺寸小，加工精度高、表面粗糙度降低，加工質量好。工件表面粗糙度

與加工時間有關。起初，工件表面粗糙度隨加工時間的增加而降低，但達到某種程度後，再增加加工時間，也很難降低工件表面粗糙度。此外，加工相同孔徑不同深度的孔時，深孔的金屬去除量小於淺孔的金屬去除量，且加工時間越長，差距越大。

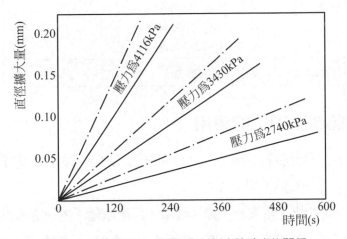

圖 10-11　擠壓壓力、溫度與材料去除速度的關係

3.　加工參數

磨料流加工時採用的加工工作參數如表 10-5 所示。要確定最佳工作參數不是一件簡單的事。需要從實驗，根據工件材料、加工類型和要求，設計合適的夾具、選擇黏性介質、磨料品種和粒度、確定流動速度、擠壓壓力、工作溫度、循環次數和時間，調整相應的控制系統來適應和滿足各種加工的要求。

表 10-5　磨料流加工參數常用數值

介質	黏度：按具體加工要求選擇 磨料粒度：$^{\#}8\sim^{\#}1000$ 起始溫度：32～52℃
流動	壓力：700～20000kPa 容積：100～3000mL 流量：7～225 L/min
移動	衝程次數：1～100

10-5-5　磨料流加工的應用

　　磨料流加工常用於對各種金屬材料和陶瓷、硬塑料等非金屬材料製造的各種零件，其常應用之例子如下：

1. 擠壓模、拉伸模、粉末冶金模、輪葉、各種齒輪、燃料旋流器、噴油嘴、精密機械零件的拋光、去毛邊。小至 0.01～0.03mm 的微孔，大到直徑 1m 的渦輪盤，以及溝槽、窄縫、導形面(包括內部難加工部位)等，表 10-6 為各種去齒輪毛邊的方法。

2. 微量去除其他加工方法產生的工件表面硬化層和表面微觀缺陷，並作為精密鑄造、機械加工後拋光整程序。

3. 在金屬材料上加工直徑 0.13～6.35mm 的小孔和 0.15mm 的窄縫。

4. 其他之應用實例可見表 10-7 所示。

表 10-6　齒輪去毛邊的方法

去毛邊方法	單位加工時間	加工效果
齒輪無縫隙拋光	1min	去除不乾淨
尼龍砂刷拋光	7～8min	去除不均勻，疲勞強度大
電解拋光	40～60s	電解前除油污，之後鈍化處理，有時齒面有斑點
氫、氧爆炸加工	1s	效率高、但成本也高；齒面有燒傷痕跡
磨料流加工	4～5s	效率高、成本低，齒面光亮，提高齒面抗壓能力

表 10-7　磨料流加工應用實例

加工對象 工作參數	不銹鋼交叉孔 去毛邊、孔徑 3.7mm	硬質合金 拉伸模拋光	高速度齒輪 去毛邊	鎳合金小孔拋 光、去毛邊， 孔徑 0.375mm
磨　料	碳化矽	金鋼石	碳化矽	碳化硼
磨料尺寸(mm) 含量(%)	800　35.5 400　35.5 200　29.0	30	800　31 400　31 200　38	60
流量(L/min)	250			
工作溫度(℃)	32	43	27	35
循環時間(min)	1.5	3～8	2	由去除量控制
循環次數(次)	6	30	4	按去除量而定
表面粗糙度變化 (μm)	1.6 至 0.4	0.6～0.88 至 0.15～0.2	0.1 至 0.2	1.25 至 0.4

習 題

1. 試述磨料噴射加工之原理。

2. 磨料噴射加工主要控制參數有那些?

3. 在磨料噴射加工的過程中，在何種階段磨料要滲入噴射水柱之中?請繪製一份設備簡圖。

4. 述敘一下使用磨料噴射加工時，工件表面材料去除層的深度的狀況。

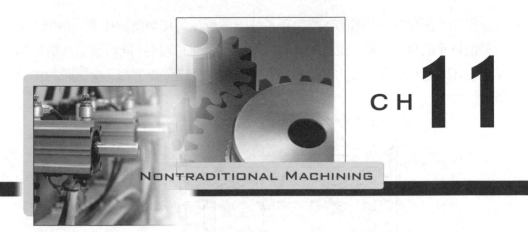

NONTRADITIONAL MACHINING

化學加工

　　化學加工(Chemical Machining，簡稱 CHM)是利用酸、鹼、鹽等化學溶液與金屬產生化學反應，使金屬腐蝕溶解，改變工件形狀、尺寸的加工方法。常用的腐蝕液有硫酸、磷酸、硝酸和三氯化鐵等水溶液，對鋁及鋁合金則使用清氧化鈉溶液。其應用形式有多種，使用在成形加工方面的應用主要有化學銑切、光化學腐蝕加工及光電成形電鍍。屬於表面加工的則是有化學拋光及無電電鍍等。電子、光學及量測儀器等工業常用此方法製造零組件。

■ 11-1　化學銑切

■ 11-1-1　化學銑切的基本原理

　　化學銑切(Chemical Etching Machining)又稱化學蝕刻，主要用於微細加工。其加工原理如圖 11-1 所示，把工件不需加工的部位用耐蝕性的塗料保護，

將需要加工部位的表面顯露，然後將工件噴灑或浸到化學溶液中進行腐蝕，使金屬按特定的部位溶解，從而獲得所需的加工尺寸和精度。同時為了加快化學反應，可以提高化學溶液的溫度。化學銑切加工是一種無刀痕、無切屑的特種切削加工。

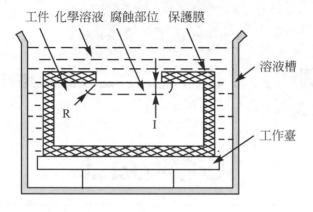

工件 化學溶液 腐蝕部位 保護膜

溶液槽

R

I

工作臺

圖 11-1　化學銑切加工原理圖

　　進行化學銑切時，金屬的溶解不僅會在垂直於工件表面的深度方向進行，在保護層下面的側向也會進行溶解，其形狀呈圓弧狀，這種情形稱為側蝕，會降低數微米或更細溝槽零構件之精度。一般來說工件材料溶解的速度為 0.02～0.03 毫米/分。改進的方法是用氣相蝕刻或離子束等乾式蝕刻方法。
　　化學加工時，金屬工件的溶解速度與工件材料的種類及溶液成分有關。表11-1 所示為工件材料與腐蝕溶液的配方，每種材料均有較佳之腐蝕溶液及加工溫度。

表 11-1　加工材料及腐蝕溶液配方

加工材料	溶液成分	加工溫度(℃)	腐蝕速度(mm/min)
鋁、鋁合金	NaOH 150～300g/L (Al:5～50g/L)	70～90	0.02～0.05
	$FeCl_3$ 120～180g/L	50	0.025

表 11-1　加工材料及腐蝕溶液配方 (續)

加工材料	溶液成分	加工溫度(°C)	腐蝕速度(mm/min)
銅、銅合金	$FeCl_3$ 300～400g/L	50	0.025
	$(NH_4)_2SO_3$ 200g/L	40	0.013～0.025
	$CuCl_2$ 200g/L	55	0.013～0.015
鎳、鎳合金	HNO_3 48%+H_2SO_4 5.5%+H_3PO_4 11%+CH_3COOH 5.5%	45～50	0.025
	$FeCl_3$　34～38g/L	50	0.013～0.025
不銹鋼	$HNO_3$3N+HCl2N+HF4N+$C_2H_4O_2$ 0.38N(Fe:0～60g/L)	30～70	0.03
	$FeCl_3$ 35～38g/L	55	0.02
碳鋼、合金鋼	$HNO_3$20%+$H_2SO_4$5%+$H_3PO_4$5%	55～70	0.018～0.025
	$FeCl_3$ 35～38g/L	50	0.025
	NHO_3 10%～35%(體積)	50	0.025
鈦、鈦合金	HF10%～50%(體積)	30～50	0.013～0.025
	HF3N+$HNO_3$2N+HCl 0.5N(Ti:5～31g/L)	20～40	0.001

11-1-2　化學銑切的加工過程

化學銑切加工的過程，如圖 11-2 所示。其主要的步驟可分為：清潔、塗膜、劃線、浸蝕和除膜等。

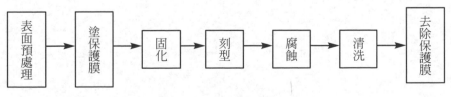

圖 11-2　化學銑切之過程

1. 清潔

   為確保耐蝕性皮膜的均勻黏合和金屬的均勻溶解，工件表面必須經過徹底清潔。如果材料表面的氣孔愈多，清潔液愈不易滲入清除，則要改用溶劑擦拭或蒸氣除脂之方法清潔表面。在清潔鋁、鎂、鋼或鈦合金時，其標準的清潔程序還包括：如蒸氣除脂、鹼洗，和去氧等步驟。

   很多飛機製零件在化學銑切前都會簡單地用溶劑先擦拭，俟清潔後，再將零件置於空氣中烘乾才進行加工。

2. 塗膜

   表面油污、氧化膜等清除乾淨之工件在準備塗膜之前，可在適當的腐蝕液中進行預腐蝕。有時還需要進行噴砂處理，使工件表面具有一定的粗糙度，以確保塗層與金屬表面黏結得更加牢固。

   保護層必須具有良好的耐酸、鹼性能，並在化學銑切過程中保持良好的黏結力。常用的保護層有氯丁橡膠、丁基橡膠、丁苯橡膠等耐蝕塗料。

   塗覆的方法有浸漬、噴塗或刷塗等三種，依零件大小和輪廓而定。鋁或鎂等零件常用二道以上之塗層，鋼、鈦、鎢和其他耐火材料須有四道以上的塗層以獲得足夠的保護，避免浸蝕劑的浸蝕。塗層必須均勻，不能有雜質和氣泡。

   塗層厚度一般控制在 0.2mm 左右，塗畢後需要在適當溫度下保持一段時間以便固化。鋼、鈦和耐火合金可放在烤爐內以 225℉(107℃)的溫度烘焙半小時，以增加膜板的耐蝕性，減少流動時間。兩種塗層材料之固化溫度與時間如表 11-2 所示。

表 11-2 固化溫度與時間

保護層	加熱溫度(°C)	保溫時間(h)
氯丁橡膠	100～120	1.5～3
丁基橡膠	140～150	1.5～3

3. 刻型或劃線

塗膜後之工件要以刻型或劃線方式區隔加工區和非加工區，其方法是將模板置於已經覆膜的零件上，利用樣板當引導並用細刀劃膜板。化學銑切樣板如圖 11-3 所示，由環氧樹脂、玻璃纖維、鋁、或鋼樣板塊所製成。因玻璃纖維樣板適合在曲面加工，所以最常用。

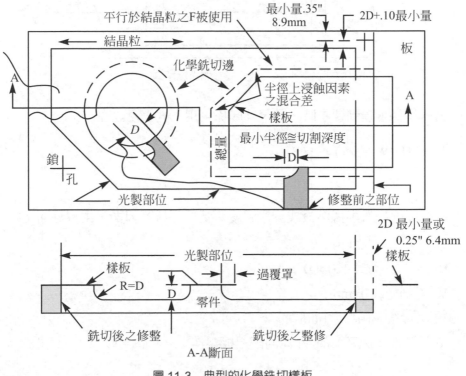

圖 11-3 典型的化學銑切樣板

由於樣板用於劃線作業的導引,因此所製作的樣板必須具有足夠的精密度以確保各部分之公差。製作過程中,除了劃線無法達到的部分如機翼的前緣外,其他部位均使用細刀來切割膜板。

刻型是根據樣板的形狀和尺寸,將欲加工表面的保護層除去,以便進行腐蝕加工。刻型的方法一般多採用刻型刀沿樣板輪廓切開保護層,將不要的部分切除,欲浸蝕的銑切區顯露,用分厘卡或其他器具小心地量測,以決定原始厚度。原始厚度減去最後欲留下之厚度就是化學銑切深度。

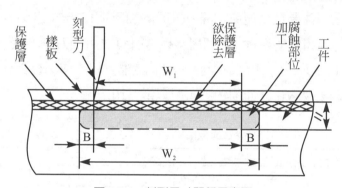

圖 11-4　刻型尺寸關係示意圖

當銑切深度達到要求時,其尺寸關係可用下式表示之:

$$K = 2H/(W_2 - W_1) = H/B \qquad\qquad (11\text{-}1)$$

式中

K:腐蝕系數(根據溶液成分、濃度、工件材料等因素,由實驗而定)

H:腐蝕深度(mm)

B:側面腐蝕寬度(mm)

W_1:刻型尺寸(mm)

W_2:最後腐蝕尺寸(mm)

刻型樣板多採用 1mm 左右的硬鋁板製作。

4. 浸蝕

腐蝕加工時，要將刻劃好保護層的工件毛胚全部浸入到裝有腐蝕溶液的槽中，一直浸泡到達到加工要求為止。浸蝕期間，必須將工件旋轉以確保均勻浸蝕和內圓角半徑。腐蝕深度、腐蝕速度與腐蝕時間的關係如下式所示：

$$V = H / T \qquad\qquad\qquad (11\text{-}2)$$

式中

V：金屬的腐蝕速度(mm/min)

H：工件加工表面的腐蝕深度(mm)

T：腐蝕時間(min)

影響工件腐蝕速度的主要因素是腐蝕液的成分、濃度、溫度和工件材料的金相組織。加工工件材料的不同，化學銑切的溶液亦不同。腐蝕加工完成後，一般將工件置於氧化物清洗槽內，以除去工件表面殘留的氧化膜和反應沉積污物，然後用蒸餾水沖洗乾淨，最後再做乾燥處理。

保護層的清除大部分用手工操作。對於細長、薄壁工件應使用化學除膜溶劑，防止保護層軟化、降低黏結力，之後再以氣壓或水壓方法清除保護層。

5. 除膜

膜板的去除是利用手剝除，或浸入適當的除膜溶液中除膜。

11-1-3　化學銑切的特點和應用

1. 化學銑切的特點分類如下：
   (1) 可加工任何難切削的金屬材料，且不受任何硬度和強度的限制，如鋁合金、鉬合金、鈦合金、鎂合金、不銹鋼等。
   (2) 適合大面積加工和多件加工，加工效率高。
   (3) 加工後的工件不變形，無內應力、裂痕、毛邊等缺陷，表面粗糙度可達 Ra2.5～1.25μm。

(4) 加工設備簡易，操作比較簡便。

(5) 不適合加工窄而深的槽、型孔，但可以簡化零件的製造過程。

(6) 原加工材料若有缺陷和表面不平、有刮痕時不易去除。

(7) 腐蝕液對人、環境、設備均有害，須採取適當之防護措施。

2. 化學銑切的應用

化學銑切加工方法有很多種。目前應用最多的主要有以下幾個方面：全面性銑切、選擇性銑切、台階形銑切、錐形銑切及化學切割下料。其加工的零件主要用於航空工業、汽車工業和電子、儀器製造業。

(1) 化學下料

化學下料技術最早係應用於微電子設備的製造，然後迅速的推廣應用於非電子工業。此種加工可以經濟地製造實驗儀器和樣板；可以對柵板、圖盤、分頻器、凸輪、電刷、刻度盤、屏幕、薄墊、標線片等進行精密加工。

(2) 外形加工

化學銑切外形加工係為重要的金屬表面清除方法之一。比較常應用於以下幾方面：

① 清除金屬材料表層，減輕零件的總重量。

② 可加工較淺或較深的空腔和凹槽。

③ 可對板材、片材、成形零件及擠壓成形零件進行錐形銑切加工。

圖 11-5 所示為鍛件，A、B 兩端較大，可用一般加工方法加工至要求的尺寸，但中間薄的部分則有困難，但是此部分可用化學銑切加工方式縮減尺寸。縮減中央部分的最經濟方式是將鍛模打通，使薄斷面的材料移向較重的 A、B 兩端。然後將整個零件浸入浸蝕劑中作全面腐蝕，此法不須用到昂貴的覆膜和劃線作業。

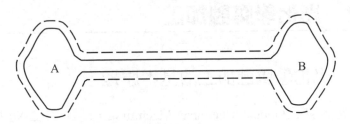

圖 11-5　鍛造工件的化學銑切加工

　　化學銑切加工可以在工件成型及熱處理後再進行。在化學銑切加工前成形較容易，所需的成型模具費用亦較少，可完全省掉昂貴的檢查和矯正工作。

　　目前化學銑切外形加工常用來加工各種平面或外形雕刻的表面，從電梯門到徽章、招牌、煙灰缸及其他的產品都有應用。在許多情況下，只要在薄膜上黏貼不透明的文字，就可加工出儀器表盤、商標等所需要的原圖。在航空工業中，可以加工特殊外形的飛機機翼和機身外形輪廓、航空員座艙壁表面或蒙皮板上的凹槽，以及特殊拋物線形雷達反射鏡、陀螺儀外殼、熱交換器等產品。圖 11-6 所示為化學銑切在飛機機體製作之應用實例，鋁合金板由整塊板金成型後，再以化學銑切方式將板與肋一體成型而成為堅固之結構，該零組件 80%以上之材料均由化學銑切溶除，重量由 24kg 減為 6kg 左右，肋骨原先厚度為6.25mm，化學銑切後之板後則只剩下 0.625mm 左右。

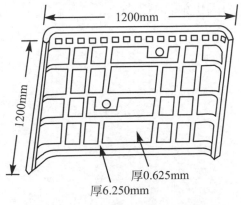

圖 11-6　以化學銑切之飛機機體零件

■ 11-2 光化學腐蝕加工

■ 11-2-1 光化學腐蝕加工的基本原理

光化學腐蝕加工(Optical Chemical Machining，簡稱 OCH)亦稱光化學加工，是結合光學照相製版和光刻的一種精密微細加工技術。其原理是把所需要的圖案，攝影到照相底片上，並經過光化學反應，將圖案複製到塗有感光膠的銅板或鋅板上，再經過電子束或紫外光定影固化處理，使感光膠具有一定的抗蝕能力，最後經過化學腐蝕方式將金屬溶除，即可獲得所需圖形的金屬版，此方法常用於工藝美術機械工業和電子工業中。

■ 11-2-2 光化學腐蝕加工的製作過程

圖 11-7 所示為光學腐蝕加工的製作過程方塊圖。其主要加工步驟包括：原圖製作、照相製版、感光膠塗覆、曝光、顯影、定影、烘烤、腐蝕等。

1. 原圖和照相

   原圖是將所需圖形按一定比例放大，描繪在紙上或刻在玻璃上。一般需放大數倍，然後通過照相方法，將原圖按需要大小縮小在照相底片上。照相底片一般使用塗有鹵化銀的感光版。

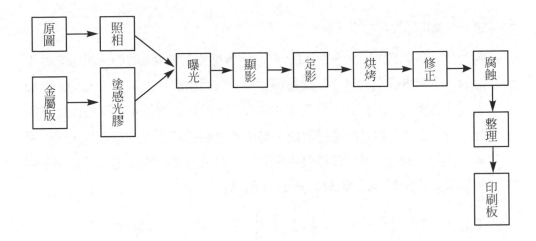

圖 11-7 照相製版的製作過程

2. 金屬版和感光膠的塗覆

　　金屬版多採用微晶鋅版和紅銅版，但需具有一定的硬度和耐磨性，表面光
整，無雜質、氧化層、油垢等，以增加對感光膠膜的吸附能力。常用的感
光膠有聚乙烯醇、骨膠、明膠等。其配方如表 11-3 所示。

表 11-3 感光膠的配方

配方	感光膠成分	方法		濃度	備註
1	聚乙烯醇　　　80g A：水　　　600mL 烷基苯磺酸鈉 4～8 滴	各成分混合後放在容器內蒸煮至透明	A、B 兩液冷卻後混合並過濾	A 液加 B 液約 800mL，4 度波美	放在暗處
	B：　重鉻酸銨　12g 　　　水　　　200g	溶化			
2	A：骨膠　　　500g 　　水　　1500mL	在容器內攪拌蒸煮溶解	A、B 兩液混合過濾	A 液加 B 液約 2300～2500mL，8 度波美	放暗處(冬天用熱水保溫使用)
	B：　重鉻酸銨　75g 　　水　　　600mL	溶化			

3. 曝光、顯影和定影

曝光是將原圖照相底片緊密接合在已塗覆感光液的金屬版上,利用紫外光照射,使金屬版上的感光膠膜按圖像感光。照相底片上不透光部分,由於阻擋光線照射,使膠膜不發生光化學反應,因此仍溶於水。照相底片上透光部分,由於受到光的通過而使金屬版上之膠膜產生光化學反應,膠膜變成不溶於水的化合物。然後經過顯影後,把未感光的膠膜用水沖洗掉,膠膜便呈現出所需要的圖像(如圖 11-8 所示)。

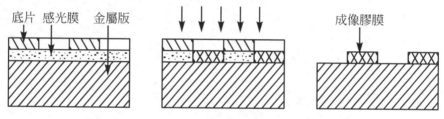

圖 11-8　光化學腐蝕加工曝光顯影示意圖

為了提高顯影後膠膜的抗蝕性,可將製版放在定影液中進行處理,其定影液成分和處理時間見表 11-4。

表 11-4　定影液成分和處理時間

感光膠	定影液	處理時間		備註
聚乙烯醇	鉻酸酐　　400g 水　　4000mL	新定影液	春、秋、冬季　10s,夏季 5～10s	用水沖淨 晾乾烘烤
		舊定影液	30s 左右	

4. 固化

經過感光定影後的膠膜,抗蝕能力仍不強,必須進一步固化。聚乙烯醇膠一般在 180℃下固化 15min,其顏色為深棕色。因固化溫度還與金屬版分子結構有關,微晶鋅版固化溫度不超過 200℃,銅版固化溫度不超過

300℃，時間 5～7min，表面呈深棕色為止。固化溫度過高或時間太長，深棕色將變成黑色，致使膠膜裂開或碳化，喪失抗蝕能力，反而影響製版品質。

5. 腐蝕

經定影固化後的金屬版，放在腐蝕液中進行腐蝕，即可獲得所需圖像(如圖 11-9 所示)。腐蝕液配方見表 11-5。

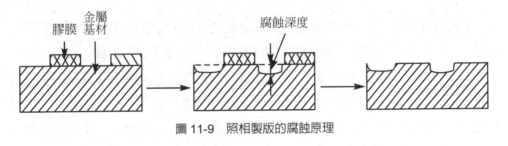

圖 11-9　照相製版的腐蝕原理

表 11-5　光化學腐蝕加工腐蝕液配方

金屬版	腐蝕液成分	腐蝕溫度(℃)	轉速(r/s)
微晶鋅版	硝酸 10～11.5 波美度+2.2%～3%添加劑	22～25	250～300
紅銅版	三氯化鐵 27～30 波美度+1.5%添加劑	20～25	250～300

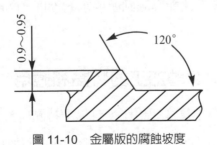

圖 11-10　金屬版的腐蝕坡度

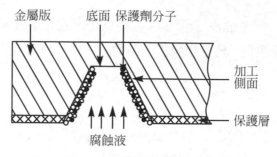

圖 11-11　腐蝕坡度形成原理

　　隨著腐蝕的加深，圖像側面會受腐蝕產生錐度，因而影響圖形形狀和尺寸精度。一般印刷版的腐蝕深度和側面錐度都有一定要求(如圖 11-10 所示)。為防止側壁錐度的增大，必須進行側壁保護，常用的方法是在腐蝕液中添加保護劑，並採專用的腐蝕裝置，使其形成一定的腐蝕錐度。當金屬版腐蝕時，在機械衝擊力的作用下，吸附在金屬底面的保護劑分子容易被沖散，使腐蝕作用不斷發揮。而吸附於側面的保護劑分子，卻不易被沖散，便形成保護層，作為阻礙腐蝕的作用，自然形成一定的腐蝕錐度(如圖 11-11 所示)。腐蝕銅版的保護劑由乙烯基硫尿和二硫化甲醚組成，在三氯化鐵腐蝕液中能產生一層白色氧化層，可作為保護側壁的作用。

　　另一種保護側壁的方法是有所謂的粉腐蝕法，其原理是把松香粉刷嵌在腐蝕露出的圖形側壁上，加溫熔化後松香粉附著於側壁表面，而達到保護側壁的作用。此法需要重複多次才能腐蝕到所要求的深度，操作比較費事，但設備較簡單。

■ 11-2-3　光化學腐蝕加工的特點和應用

　　光化學腐蝕加工與化學銑切相比，有以下特點：

1. 光化學腐蝕加工係採用顯微照相技術和感光防蝕層的光化學反應的方法，來確定工件被加工部位的圖形，而不是用金屬樣版來刻劃圖形，所以生產率高，操作也省力、方便。

2. 選用顯微攝影技術，可以獲得清晰圖像，因此，照相製版的加工精度高，重複性好，可達成精密微細加工。

3. 蝕除深度較淺，一般爲 0.05～0.5mm。因此腐蝕時間極短，可進一步提高加工品質。

目前光化學腐蝕加工已應於以下幾個方面：

1. 印刷工業上印刷版的製作。

2. 用於諸如微電子技術、計算機技術等的各種印刷電路、積體電路、柔性印刷電路、各類高導磁性鐵芯片的微細加工。

3. 複製傳統加工方法難以獲得的複雜圖案、花紋、文字等加工。

■ 11-3　光刻加工

■ 11-3-1　光刻加工的基本原理

光刻加工(Photoetching)與光化學腐蝕加工極爲類似，它是利用光阻的光化學反應特點，將光罩上的圖形精確地放大或縮小印製在塗有光阻的基材表面上，再利用光阻模塑的耐腐蝕特性，對基材表面進行電鑄、離子佈植或腐蝕，從而獲得極爲複雜精細的微機電構件。圖 11-12 所示爲光刻的主要工作流程。

■ 11-3-2　光刻加工的方法

1. 原圖和光罩的製作

按照產品的要求，利用 CAD 技術對加工圖案進行圖形設計，然後用影像處理方式把原圖縮小製成初縮版，然後用步進重複照相機將初縮版精縮，使圖形進一步縮小，從而獲得精確的照相底版，再把照相底版用接觸複印法，將圖形印製到塗有光阻的高純度鍍鉻玻璃板上，經過腐蝕即可製得具

有金屬薄膜圖案之光罩(mask)。

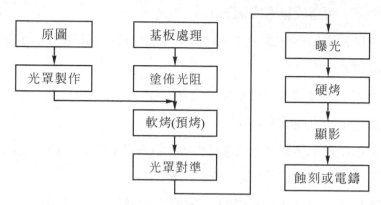

圖 11-12　光刻的主要工作流程

2.　上光阻

光阻是一種對光敏感的高分子溶液。根據其光學反應特點，可分為正性光阻和負性光阻兩種。凡能用顯影液把感光部位溶除，而得到和光罩上擋光圖形相同的抗蝕塗層的光阻，稱為正性光阻，反之則為負性光阻。光阻的塗佈是將基材固定在一個轉盤上，然後將光阻滴於基材上使光阻擴散而均勻附著於基材上，其厚度約為 0.5μm 至 3μm 之間。圖 11-13 為正光阻和負光阻之區別。

3.　軟烤

上完光阻後之基材必須經過加熱烘烤，稱為「軟烤」(soft baking)或「預烤」(prebaking)。軟烤的目的是將光阻薄膜加熱使溶劑蒸發，並且增加光阻的附著性。軟烤一般是使用「熱墊板」(hot plate)即可，一般烘烤的溫度約為 90℃ 至 100℃ 之間。軟烤之後，光阻厚度約會收縮至原來的 85%。

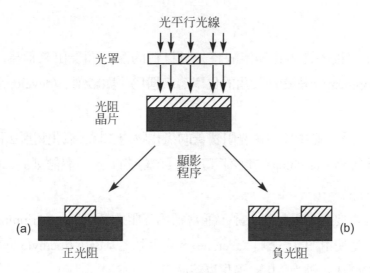

光平行光線

光罩

光阻
晶片

顯影
程序

(a)

正光阻

(b)

負光阻

圖 11-13　正光阻和負光阻之區別

4. 光罩對準

如果需進行多次曝光程序時，在每次曝光前必須先將「光罩對準」(mask alignment)，否則所製作出來的元件會與所設計的不同。在所有使用的光罩上都有定位用的相同標記，將標記對準即能精確定位。

5. 曝光

將光阻照射光線使產生光化學反應，造成光阻材料內部結構的改變的程序稱為「曝光」(exposure)。曝光一般是使用波長為 0.4μm、平行的「紫外線」(ultra-violet、縮寫 UV)光線照射光阻。曝光可分為接觸式曝光和投影式曝光兩種。接觸式曝光是光罩與塗有光阻之基材緊密接觸進行 1：1 比例之曝光。投影式曝光則是以光學投影方式將圖案縮小投影至基材光阻上進行曝光。

6. 硬烤

曝光之後還需要將光阻烘烤，稱為「硬烤」(hard baking)。硬烤的目的是使光阻進一步硬化，使未曝光部分的光阻較難溶解。

7. 顯影

在曝光之後，經由化學溶液將光阻材料的圖形顯現出來稱為「顯影」
(development)。顯影所使用的化學溶液稱為「顯影劑」(developer)。

8. 蝕刻

在顯影之後，必須將為被光阻覆蓋的氧化物層去除，氧化物層去除的程序
稱為「蝕刻」(etching)。蝕刻可分為「乾蝕刻」及「濕蝕刻」二種。

9. 光阻剝除

蝕刻後需要將光阻材料去除，通常稱為光阻的「剝除」(stripping)。光阻
的剝除是使用如「丙酮」(acetone)、「甲基乙基酮」(methylethylketone、
$CH_3COC_2H_5$、縮寫 MEK)等化學溶液。

另外還可在真空中以離子束將光阻剝除，此方法優點是表面乾淨無損傷，
不會污染環境。圖 11-14 所示為光刻加工的示意圖。

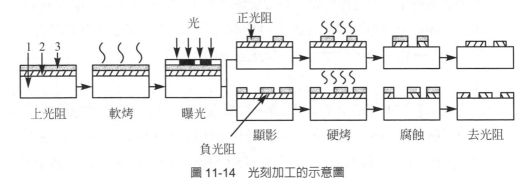

圖 11-14　光刻加工的示意圖

10. 電鑄

為了在基材上製作出微型構件須使用微電鑄方法。電鑄加工是在電場的作
用下，使陰極上之工件表面沉澱析出一層較厚重之金屬。其基本設備包
括：電解槽、直流電源、攪拌和循環過濾系統、加熱和冷卻裝置。相關內
容則在電化學加工一章中有詳盡敘述。

■ 11-3-3　光刻加工的特點和應用

光刻加工的主要特點如下：

1. 不會產生加工變形、加工硬化、毛邊等現象，且不受材料的硬度等限制。

2. 適於對複雜圖形、薄(膜)片進行精密、微細加工，且可在大面積上將多個圖形一起處理。

目前利用光刻原理可製造刻線尺、刻度盤、光柵、細孔金屬網版、電路佈線板、可控矽元件等精密產品的零件；可對厚度從幾百微米至幾十微米或幾微米、以至毫微米的薄膜進行雕刻、開槽等超精密加工。在精密電子器件或精密零件的生產中獲得廣泛的應用。

■ 11-4　化學蒸鍍

■ 11-4-1　化學蒸鍍的原理

化學蒸鍍的基本原理是利用氣體的化學反應，在基材表面沉積固態生成物而達到披覆的目的。目前已有多種金屬及陶瓷材料被成功地蒸鍍於各種基材表面。表 11-6 所列各金屬元素及化合物，是曾經被用作蒸鍍之物質。

表 11-6　可化學蒸鍍之物質

金屬	Cu，Be，Al，Ti，Zr，Hf，Th，Ge，Sn，Pb，V，Nb，Ta，As，Sb，Bi，Cr，Si，Mo，Wo，W，U，Re，Fe，Co，Ni，Ru，Rh，Os，Ir，Pt 及多種合金與介金屬化合物
氮化物	BN，TiN，ZrN，VN，NbN，TaN，Si_3N_4
碳化物	C，B_4C，SiC，TiC，ZrC，HfC，ThC，ThC_2，VC，NbC，Nb_2C，TaC，Ta_2C，CrC，Cr_4C，Cr_7C_3，Cr_3C_2，MoC，Mo_2C，WC，W_2C，V_2C_3，VC_2
氧化物	Al_2O_3，BeO，SiO_2，ZrO_2，Cr_2O_3，SnO_2
硼化物	B，AlB_2，TiB_2，ZrB_2，ThB，NbB，TaB，MoB，Mo_3B_2，WB，Fe_2B，NiB，Ni_3B_2，Ni_2B
矽化物	Ti，Zr，Nb，Mo，W，Mn，Fe，Ni，Co 之矽化物

　　化學蒸鍍的歷史可遠溯至十九世紀末期，在 1880 年利用熱分解法成功地製造出碳燈絲用以取代脆弱的碳燈絲。近年來，化學蒸鍍在工業運用上有明顯地進展。目前，化學蒸鍍主要用於半導體或絕緣體，例如矽晶、氮化矽或碳化矽的生產。在工具材料方面，化學蒸鍍則是在切削刀具如車刀、鑽頭等鍍上一層氮化鈦膜，以增加此等材料的耐磨性質。另外碳化矽及氮化矽則被蒸鍍於高溫用材料的表面，以增進抗高溫氧化之特性。

■ 11-4-2　化學蒸鍍法之種類

　　根據鍍膜生長程序的不同，化學蒸鍍法可大致區分為四大類：1. 熱分解法、2. 還原法、3. 基材反應法及 4. 氧化還原法。

1.　熱分解法

　　熱分解法於高溫下使反應氣體在基材表面分解，留下不揮發產物而成為鍍膜，且此法常在真空中進行。而熱分解法在約 600℃ 或更低溫使用時，其反應氣體原料多為氫化物、碳氧化物、有機金屬化物，或少數穩定性低的鹵族元素化合物；此外，熱分解法在高於 600℃ 使用時，則大多使用各各類鹵族元素化合物。硼元素的蒸鍍即是使用此法以增加蒸鍍速率。

2.　還原法

　　還原法是利用氫氣或金屬蒸氣，將其它原料氣體在基材表面還原，此種方法之原料氣體多半為鹵化物，有時也使用氫鹵化物，由於，氫鹵酸為強酸，因此，還原法蒸鍍之反應後的廢氣有極強的腐蝕性，需妥善的處置，而還原法的操作溫度隨鍍膜的材質而異，例如：鉑(Pt) 在 100℃ 左右即可蒸鍍，碳化矽(SiC) 則必須在 1000℃ 以上，由此可知，在不同溫度所蒸鍍的被覆膜會有不同的性質。

3. 基材反應法

　　基材反應法是利用反應原料氣體與材料表面進行反應而得，反應之後，原基材表面層與蒸鍍層會互溶而形成合金鍍膜，例如：鋼材表面硬化熱處理之碳化或氮化反應，皆屬此類化學蒸鍍。此方法之運用僅限於能與鍍層或原料氣體產生反應之基材。對無法產生反應之基材，其表面常預鍍一層易反應物質，例如：鈣、鋁或鎂等，然後進行化學蒸鍍。

4. 氧化還原法

　　氧化還原法係利用多價之金屬化合物，在溫度改變時，自身產生氧化還原反應，而將中價位金屬化合物轉化成零價位金屬(還原)和高價金屬化合物(氧化)。當此反應在基材表面發生時，零價金屬便沉基在基材上而形成鍍膜。鈦金屬之蒸鍍便可利用氯化鈦之氧化物還原而成。

■ 11-4-3　化學蒸鍍設備

　　化學蒸鍍設備依加熱方式可分為熱壁型及冷壁型兩種。熱壁型蒸鍍爐係間接加熱型，反應所需加熱源自爐外經爐壁傳導而送至基材，由於，爐壁溫度與基材相近或略高，化學蒸鍍會在爐壁上產生而耗費原料氣體，在原料氣體昂貴之情況下，熱壁型蒸鍍爐並不普遍。冷壁型化學蒸鍍爐則沒有耗費原料氣體之現象，在冷壁型蒸鍍爐中，能源直接送到基材加熱，蒸鍍反應只在基材表面發生，因此，原料氣體使用效率甚高，由於，整個反應裝置常需置爐中，因此，冷壁型設計較複雜，投資費用也較高。

　　簡易之化學蒸鍍爐如圖 11-15 所示。原料經淨化處理及流量控制後，由爐上方進入反應室。反應室內預置之基材則由感應線圈加熱。反應後之殘餘氣體則從反應爐底部導入冷卻系統。

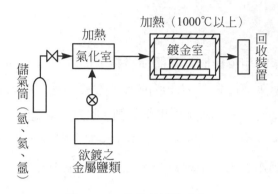

圖 11-15　化學蒸鍍爐示意圖

■ 11-4-4　化學蒸鍍之參數控制

　　為得到均勻的化學蒸鍍薄膜，基材、反應原料及反應條件均需加以妥善控制。基材表面處理的重點在控制表面的粗糙程度、油垢雜物的清理和氧化層的去除。由於化學蒸鍍是表面化學反應，若基材材質與鍍膜物質之接合力微弱，蒸鍍便不易完成。為增加基材與鍍膜之接合強度，可以使用另一種與基材及鍍膜皆有高接合強度之中間物，預鍍於基材表面，再行蒸鍍。

　　化學蒸鍍之第二要項為反應原料氣體之控制。其中包括原料氣體之種類與組成。此為決定蒸鍍速度與鍍膜性質之重要製程因素。氣體之選擇除了依據熱力學基礎來選定之外，原料氣體之控制多由經驗累積而來。例如金屬鎢之化學蒸鍍如果使用碳氧化鎢為原料，蒸鍍可在 300 到 600℃ 間進行。如果使用氯氧化鎢為原料，則需在 700 至 900℃ 間方可蒸鍍。

　　反應條件之控制，包括溫度、壓力及氣體流速之選擇，需配合上述反應原料之使用。壓力亦為蒸鍍速率及鍍膜品質控制之重要因素。多數化學蒸鍍均在一大氣壓下進行。然而為增加反應速率，真空下之操作也經常被使用。氣體流速也會影響到蒸鍍速率及鍍膜品質。

■ 11-4-5　化學蒸鍍之優點

化學蒸鍍之優點可歸納如下：

(1)　高溫材料可於低溫製成，例如金屬鎢管的製造在 600℃即可。

(2)　鍍膜密度高，化學蒸鍍可有近幾百分之百的高密度。

(3)　鍍膜結構可控制，這包括膜中晶體之方向性。

(4)　鍍膜晶粒大小可控制。

(5)　多孔性或不易接觸之表面亦可蒸鍍。

(6)　一大氣壓或部分眞空皆可蒸鍍。

(7)　一般而言，鍍膜與基材之接合力極優良。

由於近年來化學蒸鍍的理論基礎及蒸鍍技術有長足的進步，化學蒸鍍將逐漸爲高科技工業所接納。例如在電子產品所用薄膜之製造，包括在氧化鋁片上之矽晶薄膜，或是光學產業之光電顯影膜等。多孔性材料如陶瓷、複合材料等之表面保護層披覆亦可藉助於化學蒸鍍技術來達成。此外複雜形狀機件之保護膜，高純度產品之製造等皆可透過化學蒸鍍技術來完成。

■ 11-5　無電電鍍

■ 11-5-1　無電電鍍的原理

金屬自一水溶液中析出時，通常發生如下列之反應：

$$M^{+z} + z \cdot e^- \rightarrow M$$

在溶液中存在之 Z 價帶有陽電荷之金屬離子 M^{+z}，在接受與其價數 Z 相等之電子 e^-，便成爲金屬原子 M，並在適當情況下附著於鍍件表面而成爲鍍層。

在不用外接電源之情況下使金屬析鍍，其金屬離子還原時所需之電子，直接由溶液內之化學變化產生，這種方式之電鍍稱為無電電鍍。無電電鍍的產生方式有三種：

(1) 由於電荷交換而產生之無電電鍍。

(2) 接觸法產生之無電電鍍。

(3) 還原法產生之無電電鍍。

■ 11-5-2　電荷交換法之無電電鍍

為使發生電荷交換之無電電鍍，須使被鍍之金屬 M_1(如鐵)，較可析出之金屬 M_2(如銅)，其正常電位為較低較負。金屬 M_2 在鍍液中成為離子，如銅離子。

其反應是通常如下：

$Fe \rightarrow 2\,e^- + Fe^{+2}$

$Cu^{+2} + 2\,e^- \rightarrow Cu$

此種電荷交換之析鍍方法，在電鍍技術方面即為已知之浸鍍法。如電荷之交換須在高溫時完成者，則稱為煮鍍法。

下列幾種方法乃為浸鍍法中常被使用者：

(1) 鐵件之浸鍍銅層

　　硫酸銅　　10g/L

　　硫酸　　　10g/L

(2) 銅及黃銅件之浸鍍銀層

　　硝酸銀　　10g/L

　　氰化鉀　　35g/L

　　溫度：可達 90℃

(3) 浸鍍汞層

為避免使用浸鍍銀層，銅或黃銅件常可浸入汞鹽溶液內，所謂汞浸鍍法(Quickbeize)。汞之電位較銅及黃銅為高，故浸鍍汞層法可獲得浸鍍層法更為固著良好之鍍層。汞浸鍍法使用之成份為：

5～10g/L　　汞氰化鉀(Kaliumquecksilbercyanid)
10～20g/L　　氰化鉀

■ 11-5-3　接觸法無電電鍍

接觸法無電電鍍為浸鍍法之應用。在被鍍金屬 M_1(鐵)及析鍍金屬 M_2(銅)之外，尚須使使用第三種金屬 M_3(鋁)。後者即稱為接觸金屬。此種接觸金屬在電鍍過程中之任務為電子供應者。而本身則溶解於溶液中。

其反應式如下：

通式：

$$M_1 \rightarrow e^- + M_1^+$$
$$M_2^+ + e^- \rightarrow M_2 \qquad \text{電荷交換：} M_1 \longleftrightarrow M_2$$
$$M_3 \rightarrow z\,e^- + M_3^{+z}$$
$$\qquad\qquad\qquad\qquad\quad \text{電荷交換：} M_1 \longleftrightarrow M_2$$
$$M_2^{+x} + x\,e^- \rightarrow M_2$$
$$M_2^{+y} + y\,e^- \rightarrow M_2 \qquad \text{接觸析鍍於 } M_1 \text{ 上}$$
$$z\,e^- = x\,e^- + y\,e^-$$

如圖 11-16 所示為接觸法無電電鍍：

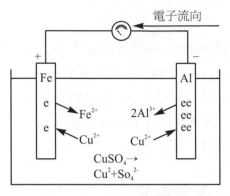

圖 11-16　接觸法無電電鍍

$$Fe \rightarrow 2\,e^- + Fe^{+2}$$

$$Cu^{+2} + 2\,e^- \rightarrow Cu$$

$$2Al \rightarrow 6\,e^- + 2Al^{+3}$$

$$Cu^{+2} + 2\,e^- \rightarrow Cu$$

$$2Cu^{+2} + 4\,e^- \rightarrow 2Cu$$

電荷交換：$Fe \longleftrightarrow Cu$

電荷交換：$Al \longleftrightarrow Cu$

接觸析鍍於 Fe 上

　　鐵與鋁兩種金屬均較銅之電位為低，即其溶解壓力較銅離子之滲透壓力為高。故鐵鋁二者均先溶於溶液而成為離子，而在該二金屬上仍保持有電子存在。鋁之溶解壓力又較鐵之溶解壓力為大。故在二者之間將發生電位差，而電子將自鋁經連接導線而移動到電位較低之鐵。而使鐵材上有更多之銅離子還原成為金屬銅。

■ 11-5-4　還原法無電電鍍

　　如圖 11-17 所示，還原法無電電鍍中，金屬離子還原成金屬時所需用之電子，亦由化學方法所產生，但不由金屬之溶解，而由於一種化合物(還原劑)之化學反應。其反應式為：

$$R^{+n} \rightarrow z\,e^- + R^{+(n+z)}$$

$$M_2^{+z} + z\,e^- \rightarrow M_2$$

　　還原劑 R^{+n} 由氧化而成為 $R^{+(n+z)}$，其所釋放之電子即用以使金屬離子 M_2^{+z} 還原。在此實為一種電荷交換，發生於化合物與金屬之間。

　　在還原法無電電鍍中必須與電荷交換法具有相同之電化學條件。即還原劑之電位必須低於析鍍金屬，同樣其間之電位差亦不宜過大。如使用次磷酸二氫鈉(Natriumhypophosphit)為還原劑來析鍍鎳層，但不適合於析鍍電位較高之銅層。若要析鍍銅層則需使用另一種具有較高電位之還原劑，如甲醛之類的還原劑。

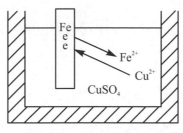

圖 11-17　還原法無電電鍍

習 題

1. 試述化學加工之原理。

2. 請解釋化學加工與電化加工之差異點。

3. 請述敘化學切料法,並與傳統使用沖模的切料法作一比較。

4. 有那些加工方法屬於化學加工法,並簡單扼要描述其原理。

5. 描述光化學切削加工法。

6. 如何能提高化學蝕刻加工和光化學腐蝕加工的精密度。

7. 如何進行無電電鍍?

CH 12

NONTRADITIONAL MACHINING

複合加工

　　隨著近代科學技術蓬勃發展，人們不斷地研究發展傳統加工技術和開發特種加工技術，尤其在探索如何以一個步驟同時運用傳統加工和特種加工方法，使之相輔相成，以及在加工部位上結合兩種或兩種以上不同類型加工法以去除工件材料的特種加工，此即為複合加工。

　　複合加工集多種加工組合之優點，顯示出很好的綜合應用效果，發展較單獨加工法更為迅速。目前主要有電解機械複合加工、電解放電複合加工、超音波機械複合加工、超音波電解複合加工、電解放電研磨加工、化學機械研磨等。

■ 12-1　電解機械複合加工

　　電解機械複合加工主要的概念，是利用電解作用與機械切削或磨削相結合的複合加工。目前比較常用的方式有：複合電解磨削、複合電解研磨，以及化學機械研磨等。

■ 12-1-1　複合電解磨削

　　電解磨削(ECG)是由電解加工與機械磨削(Mechanical Grinding)所組合之複合加工，由1952年美國G.F Keeleric 所研發而成的。此外，電解磨削比起電解加工而言，有較優良的加工精度和表面粗糙度，且比起機械磨削更具有較高生產率。

12-1-1-1　複合電解磨削的基本原理和特點

1. 複合電解磨削的基本原理

　　一般電解加工(Electrolytic Machining)是利用金屬在電解液中，產生陽極溶解的方式去除工件材料之特種加工，雖然生產效率高，但其加工精度不卻易掌控。G.F Keeleric 研發出一種複合電解加工，係利用金屬結合劑及微細鑽石磨料所組成的導電性砂輪，同時進行電解加工與機械磨削(Mechanical Grinding)的方式。如圖12-1所示，以含有磨粒的導電砂輪為陽極工具。加工時，導電磨輪與直流電源陰極相接，工件與電源陽極相接，在工件與導電磨輪之間保持一定的壓力，電流通過工件、電解液流經導電磨輪，形成通路。

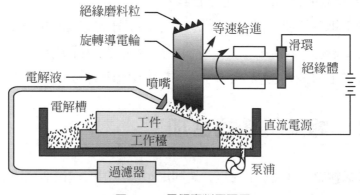

圖12-1　電解磨削原理圖

由於導電磨輪的磨粒與工件接觸，形成電解間隙，並由噴嘴供給所需的電解液。加工時，工件表面因電化學反應而形成鈍化薄膜，經磨輪上的磨粒不斷地刮除，使工件露出新的金屬表面繼續發生電化學反應，並繼續被刮除。其中，加工量比率為電解加工量 90%、機械研削量 10%，且磨料突出量為 0.05mm 以下，可防止兩極短路，保持電解液通路必要之間隙。如此循環交替，直至工件達到要求的精度和表面粗糙度為止。

2. 複合電解磨削的特點

與一般機械磨削及電解加工相比，複合電解磨削具有以下特點：

(1) 加工效率高

複合電解磨削主要是電解作用，跟工件材料的機械性能關係不大，只要選擇合適的電解液，就可以加工任何高硬度和高韌性的金屬材料。加工硬質合金時，複合電解磨削的效率較普通金鋼石砂輪磨削高 3～5 倍。

(2) 工件表面品質佳

由於砂輪只刮除表面較軟之氧化薄膜，沒有直接切削金屬，因此磨削力和磨削熱很小，不易產生磨削裂紋及燒傷等缺陷，可以提高加工精度、降低表面粗糙度。

(3) 砂輪磨損量小

使用碳化矽砂輪磨削硬質合金時，砂輪磨損量為硬質合金切除量的 400%～600%，而以複合電解磨削方式用金鋼石砂輪加工時，砂輪的磨損量約為前者的 1/5～1/10。

(4) 對機床、夾具的腐蝕性小

電解磨削不需使用腐蝕力大的電解液，一般採用腐蝕力較弱的 $NaNO_3$、$NaNO_2$ 等為主的電解液，因此能有效地防止加工機台腐蝕。

12-1-1-2 影響複合電解磨削的因素

1. 電化學當量

   電化學當量是單位電量所能電解金屬的重量。複合電解磨削主要利用電極的陽極溶解作用，因而生產效率和工件材料的電化學當量成正比。

2. 電解液

   電解液可用於提高電解研削速率。雖然強電解質的生產效率高，但因為陽極溶解速度過高時，會使工件尖角變圓，對刀具不利，而且也不易控制加工精度和表面品質，因此以抗腐蝕性差的機台或夾具加工時，多用 $NaNO_3$、KNO_3、$NaNO_2$ 當電解液。磨削硬質合金時，除了使用 $NaNO_3$ 或 KNO_3 當電解液外，亦可加入適當的「絡合劑」如酒石酸、酒石酸鉀鈉或檸檬酸，用以溶解不溶於水、硬度較高的電解產物如氧化鎢或氧化鈦等鈍化膜。表 12-1 為常用的幾種電解液成分。

表 12-1 常用複合電解磨削電解液

工件材料	電解液成分
碳鋼、合金鋼	$NaNO_3$5%+$NaNO_2$10%
碳鋼、合金鋼、高速鋼	$NaNO_2$3%+$NaNO_2$15%+$NaCl$1%
高速鋼、硬質合金	KCl10%+$KNO_3$2%+$KNO_2$3%+酒石酸 5%
硬質合金	KCl10%+$NaNO_2$3%+酒石酸鉀鈉 2%+硼砂 2%

3. 電流密度

   提高工作電壓和電流密度可加速陽極溶解，但會降低加工精度和表面粗糙度，且電壓過高會引起火花放電效應。一般粗加工的工作電壓為 10～

20V、電流密度為 50～200A/cm²；精加工的電壓為 5～15V、電流密度為
5～50A/cm²。工作電壓和電流密度須根據加工情況及要求做適當的選擇。

4. 砂輪

複合電解磨削所用的導電砂輪，一般是由銅粉和氧化鋁磨料加壓燒結而
成。主要作用是當做電解時的陽極和磨削時刮除鈍化薄膜。金鋼石在磨料
中的硬度最高，所以金鋼石導電砂輪的生產效率和加工質量最好，尤其在
磨削硬質合金時更為顯著，但粒度小，價格昂貴，僅用於精加工。通常加
工各種鋼料仍採用氧化鋁導電砂輪，加工硬質合金採用碳化矽導電砂輪。
砂輪轉速對電解磨削的直接影響較小，當砂輪線速度愈高時，磨削作用愈
好。

與砂輪工作性能有關的另一個因素是砂輪對工件的壓力。電解磨削有時不
是剛性進給，而是靠彈簧或重錘來施加壓力。壓力大，工作間隙變小，生
產率就會提高。但壓力過大會使砂輪磨損速度加快，不利於加工品質。一
般常用的壓力為 100～300Pa。

5. 工件轉速和接觸面積

提高工件轉速和工件與砂輪的接觸面積，可提高生產效率。磨削外圓時，
砂輪與工件的接觸面積較小。若增加一輔助電極，或採用如圖 12-2 所示
的「中間電極」，可增加電解面積並提高生產效率。在普通砂輪之外，加
一中間電極作為陰極，通電後中間電極對工件起電解作用，而普通砂輪只
起刮除鈍化膜作用。採用中間電極法可減少機床的工作量，主軸不須和床
身絕緣，而且磨外圓時增加了電極與工件的接觸面積。若使用多孔性中間
電極，並對工件表面噴射電解液，則可增加生產效率。採用中間電極法較
麻煩的地方是，加工中須按照工件直徑的不同更換中間電極。

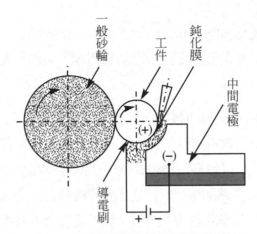

圖 12-2　中間電極法電解磨削示意圖

6. 複合電解磨削的應用

複合電解磨削可用於內、外圓、平面及成形表面的加工。例如，對硬質合金刀具、量具、擠壓模具、抽拉模具、滾軋等高硬度工件的磨削；對小孔、深孔、薄壁筒、細長桿等普通磨削難以加工的零件之磨削。

用氧化鋁導電砂輪研磨硬質合金車刀和銑刀，刃口半徑可小於 0.02mm，表面粗糙度 Ra 為 1.6～0.10μm，且可獲得比一般砂輪磨出來還要好的眞平度。

■ 12-1-2　複合電解研磨

12-1-2-1　複合電解研磨的基本原理和特點

複合電解研磨(combined electrolytic honing)是指電解與研磨相結合的複合電解加工。所用的工具是導電的研磨條。圖 12-3 爲立式複合電解研磨結構原理示意圖。在普通研磨機上，增設電解液循環系統和直流電源，以電解液代替研磨液，將工件與直流電源的陽極相接，研磨條與直流電源的陰極相接，形成電解加工的回路並構成複合電解研磨加工系統。加工時，研磨頭作往復運動，

工件作旋轉運動。工件表面由於電化學反應所產生的鈍化膜，被不斷往復和回轉的研磨條刮除，使其重新露出新的基體金屬，並再次被電解研磨形成鈍化膜。如此不斷循環，直到符合加工要求爲止。

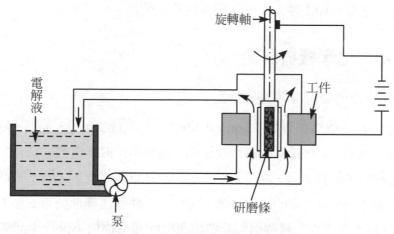

圖 12-3　複合電解磨削原理示意圖

複合電解研磨與普通研磨相比，具有以下特點：

(1)　加工速度高，是普通研磨加工的 3～5 倍。

(2)　加工精度高，表面粗糙度 Ra 可低於 0.10μm。

(3)　放電參數調節範圍大

(4)　研磨頭可當磨削工具，也可作爲電解加工的工具電極。

(5)　研磨條損耗小、排屑容易、冷卻性能好、熱應力影響小。

複合電解研磨的加工參數有：

(1)　電源(電壓 6～30V、電流 100～3000A，電流密度 15.5～465A/cm^2)

(2)　電解液 $NaNO_3$ 240(g/L)、NaCl 120(g/L)

(3)　溫度 38℃

(4)　壓力 500～1000kPa

(5)　流量 951 L/min

(6)　間隙 0.076～0.25mm

12-1-2-2　複合電解研磨的應用

　　主要用於普通研磨難以加工的高硬度、高強度和容易變形的精密零件之孔加工，及高硬度合金鋼的盲孔加工。以光電、半導體製程設備的構造材料，考量耐蝕性、強度、加工性，以不銹鋼最為廣泛使用。

■ 12-1-3　化學機械研磨

1.　化學機械研磨的基本原理和特點

　　圖 12-4 為化學機械研磨(Chemical Mechanical Polishing，簡稱 CMP)基本原理示意圖。工件接直流電源的正極，拋光頭接直流電源的負極，電解液由電解泵供給拋光頭，再經過不織布的微孔進入拋光區，拋光頭以一定的轉速旋轉，並沿一定的路線移動，同時對工件表面施加一定的壓力，電源接通後，工件表面在電解溶解及機械研磨的複合作用下進行平面或旋轉面等拋光。

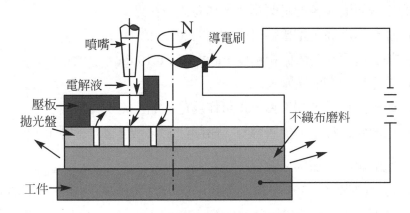

圖 12-4　電解研磨複合拋光示意圖

　　拋光頭上部為銅製拋光盤,在盤的端部粘接尼龍不織布,不織布粘接微細粒度的磨料,拋光頭的形式根據需要可設計成各種形狀。

　　電解研磨複合拋光一定要使用鈍化性電解液,因為鈍化性電解液在低電流密度下易生成鈍化膜,而且這層膜具有一定的強度,只有在大電流密度時才會被破壞而使表面不斷溶解;在低電流密度下鈍化膜不會破壞,且阻止工作表面的進一步溶解。

　　電解研磨複合拋光是在低電流密度下工作的,鈍化膜不易在電解方式下除去,而須依靠不織布上的磨料刮除鈍化膜,使其工作表面再電解。拋光時,工件表面高處的鈍化膜先被磨粒刮除,露出新的金屬表面又重新被電解溶解,同時又產生新的鈍化膜;低處的鈍化膜無法被磨粒刮除,從而保護了低處的金屬不被溶解。上述過程不斷循環漸進,使得工件表面整平效率迅速提高、表面粗糙度降低。

2. 影響化學機械研磨的因素

　(1) 電解液對表面粗糙度的影響

　　　電解液的成份、濃度是影響拋光質量的主要因素,加工不同材料的工件,須配置不同的電解液。電解液應能夠加工出高質量的表面,且其加工效率高、經濟、安全、無毒、對機床設備腐蝕小。

　　　通常模具鋼、不銹鋼可用 $NaNO_3$ 水溶液的電解液。在電解液中添加合適的活性劑、絡化劑,可改善拋光性能和提高拋光速度。

　(2) 加工電壓對表面粗糙度的影響

　　　一般加工電壓的選擇範圍為 3～15V,加工電壓過高會直接影響加工質量,使表面粗糙度增大,甚至使工件表面出現點蝕和過腐蝕;加工電壓過低,會降低加工效率,而變成以機械磨削為主,使工件表面加工質量下降,還可能使磨料損耗過大,減少拋光頭的使用壽命。一般粗拋光時,加工電壓應選大一些,以提高拋光速度;精拋光時應盡量選用低電壓,以提高表面質量。

(3) 磨粒尺寸對表面粗糙度的影響

　　磨粒尺寸不僅影響拋光效率，還會影響表面粗糙度。通常粗拋光時選用較粗的磨粒，用粗磨粒可以較快地去除加工餘量；中等粗糙度的拋光時，選用的磨粒要小一些，通常可選用 1000 目以上的磨粒；鏡面拋光時，可以使用粒度在 2000 目以上的磨粒。在低電壓、小電流密度下精拋，若使用游離磨粒，在將磨粒混入電解液之前，須將磨粒進行過濾，以免混入大粒度的磨料刮傷拋光表面，破壞表面的完整性。

(4) 拋光頭轉速和進給速度對表面粗糙度的影響

　　拋光頭上的磨粒運動軌跡，會直接影響工件的表面質量。在一定轉速下，拋光頭進給速度慢，運動軌跡密集，拋光效果較好。進給速度均勻，拋光表面便不會產生不均勻的條紋。拋光頭直徑大，轉速應低些；拋光頭直徑小，轉速則應適當提高，使拋光處於最佳狀態。

3. 化學機械研磨的應用

　　電解研磨複合拋光除了用於拋光模具及不銹鋼容器的型腔外，還可以拋光不同類型的零件。機械研磨亦可以廣泛應用在半導體工業、低溫共燒陶瓷，其加工製品品質穩定，具量產能力。

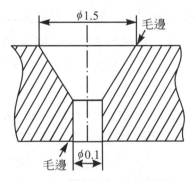

圖 12-5　噴絲板上的小噴絲孔

　　圖 12-5 所示噴絲板是噴絲頭上的重要零件，材料為鐵基不銹鋼，厚度為 1.5mm，圓盤外徑為 250mm，圓盤內徑為 100mm，在內外圓的中間部位

用數位鑽床鑽有 4000 多個孔，孔的上部分爲錐孔，下部分爲圓柱孔，孔的兩端面上有毛邊。噴絲板拋光後所要求的表面粗糙度 Ra 爲 0.09μm，並去除孔兩端的毛邊。由於噴絲板材料韌性好，用機械方法去毛邊不但費時，而且不易去除乾淨，而去毛邊和拋光同時進行則會使毛邊進入孔內。使用電解研磨複合拋光只需 10 分鐘，不僅使表面粗糙度 Ra 達到 0.08μm，還能完整地去除毛邊。

■ 12-2　超音波振動切削

■ 12-2-1　超音波振動切削的基本原理與特點

如圖 12-6 所示，將換能器產生同頻的縱向機械振動能，同時傳遞給變幅桿，並將振幅放大到預定值，推動諧振刀桿進行振動切削，稱爲超音波振動切削。超音波振動切削可用於車削、鉋削、鑽孔等複合加工。

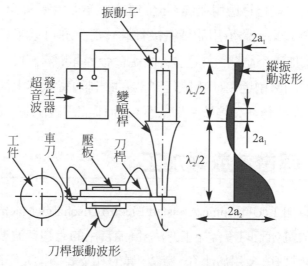

圖 12-6　超音波振動切削示意圖

超音波振動切削的有下列幾個特點：

(1) 振動切削功率消耗低。

(2) 切削變形減小。

(3) 減輕或消除自激振動。

(4) 工件精度高、表面粗糙度低。

(5) 刀具壽命高。

(6) 加工範圍廣。

(7) 生產效率高。

■ 12-2-2 超音波振動切削的應用

超音波振動切削經過幾十年來的發展，加工技術已日漸成熟，成為一種精密加工和加工難切削材料的新技術，現已被廣泛地用在各種複合切削加工中。目前較常用的有：超音波振動車削、超音波振動磨削、超音波振動搪削、超音波加工深孔、小孔和超音波振動鉸孔、攻牙等。

超音波振動車削已經應用在洗衣機的主軸，表面粗糙度可達 Ra0.8μm 以下可以取代輪磨效果；醫療用的精密接骨螺絲釘，亦可以超音波振動車削製作。用傳統磨削加工不銹鋼、鈦合金、高溫合金等難磨材料時，常會出現砂輪堵塞和工件表面的磨削燒傷，使用超音波振動磨削可從根本上消除上述兩種缺陷，使磨粒始終保持鋒利和趨於冷卻狀態，因而提高加工效率、延長砂輪壽命。

■ 12-3 超音波放電加工

超音波放電加工(Ultrasonic Assisted Electro Discharge Machining)是指結合超音波振動與放電加工的複合加工方法。目前常用的有超音波放電複合拋光和超音波放電複合打孔，多用於小孔、窄縫、異形孔及表面拋光等微細加工場合。

■ 12-3-1　超音波放電複合拋光

12-3-1-1　超音波放電複合拋光的原理

超音波放電拋光如圖 12-7 所示，是利用超音波拋磨和放電的綜合效應來達到拋光工件表面的目的。拋光時，工件接電源正極，工具頭接電源負極；在工具和工件之間通常會上潤滑油。

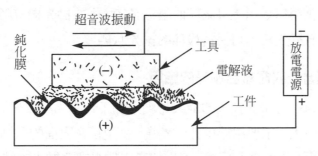

圖 12-7　超音波放電複合拋光示意圖

拋光過程中，工具對工件表面的拋磨和放電腐蝕是採連續而交錯地進行。由於超音波拋磨的「空化」效應，使工件表面軟化並加速分離剝落，同時，促使放電的分散性大大增加。其結果是進一步加快工件表面的均勻腐蝕。此外，由於「空化」作用，還會增強介質液體的攪動作用，及時排除拋光產物，進而減少了金屬產物放電的機會，提高放電能量的利用率。

12-3-1-2　影響超音波放電複合拋光的因素

1. 介電液
   介電液的好壞會直接影響拋光速度、加工質量和拋光的過程。介電液有乳化液、去離子水、洗滌液等，其中以乳化液最為有效。一般乳化液由基礎油、乳化劑、洗滌劑、防銹劑、光磨劑等組成。

2. 工作電壓
   工作電壓的大小會直接影響拋光效率和工件表面粗糙度。由於超音波放電

複合拋光的放電間隙微小，所以能以很低的工作電壓獲得所需的工件表面。一般工作電壓在 30V 以下。

3. 工作壓力

指拋光工具對工件的壓力，其大小會影響工件表面精度。粗拋時，調高工作壓力，可提高拋光速度。但工作壓力不能過大，以免油石磨損過快。

4. 工具振動頻率

工具的振動頻率是指工具系統的諧振頻率。好的拋光機有頻率保持系統，當工具系統變化時，可保持最佳的拋光狀態。

12-3-1-3　超音波放電複合拋光的應用

超音波放電複合拋光技術的最大特點是加工效率高，拋光效率比超音波機械拋光高 3 倍以上。主要用於小孔、窄縫、小型精密表面的微細加工，工件表面粗糙度 Ra 可低於 $0.08 \sim 0.16 \mu m$。以超音波放電複合拋光的技術提升機台穩定性、結合電能、聲波、光能、化學能來互相結合，形成新的復合加工形式，提升加工精度和加工效率的效果。

■ 12-3-2　超音波放電複合打孔

12-3-2-1　超音波放電複合打孔原理

超音波與放電加工相結合的超音波放電複合打孔，是將超音波機構固定在放電加工機床的主軸頭下部，放電加工用的脈衝電源加到電極和工件上。加工時，主軸作伺服進給，工具端面作超音波振動。這樣可有效地提高放電加工脈衝利用率及生產速率。

12-3-2-2　超音波放電複合打孔的效果與應用

在相同條件下打孔，超音波放電複合打孔的深度是放電打孔深度的 3 倍以上。加工直徑 0.25mm 的孔時，超音波放電複合打孔的極限深度為 10mm

以上。超音波放電複合打孔的尺寸精度、形狀精度和孔的表面粗糙度明顯優於放電打孔。

　　由於超音波放電複合打孔具有超音波和放電加工的優點，已廣泛地用於微孔加工，可加工孔徑 0.05～0.4mm、深度 0.5～10mm，尺寸精度為 ±0.005～±0.01mm，表面粗糙度 Ra 為 3.2～0.10μm 的微細孔。

■ 12-4　超音波電解加工

　　超音波電解加工(Ultrasonic Assisted Electrolytic Machining)是指結合超音波振動和電解加工的複合加工方法。目前多用於難加工材料的深小孔及表面光整加工。其形式可分為超音波電解複合加工和超音波電解複合拋光兩種。

■ 12-4-1　超音波電解複合加工

　　超音波電解複合加工小孔示意圖如圖 12-8 所示，係將工件接直流電源的正極，將鋼絲、鎢絲或銅絲作為電極，接於電源供應器之負極，使用 6～18V 之電壓，電解液為 20% NaCl 溶液加磨料混合而成。加工時，工件表面在電解液中產生陽極溶解產生一層鈍化膜，此鈍化膜被振動的工具及磨料磨除，另外超音波振動所引起的「空化作用」加快磨料懸浮液的循環更新，加快陽極溶解，使加工速度和加工精度大為提高。

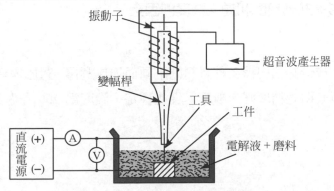

圖 12-8　超音波電解複合加工小孔

■ 12-4-2　超音波電解複合拋光

12-4-2-1　超音波電解複合拋光的原理

　　超音波電解複合拋光的原理如圖 12-9 所示，將工件接直流電源正極，工具導電銼接電源的負極，在工具與工件之間通入鈍化性電解液。加工時，工具以超音波的頻率不斷地去除工件表面凸出部位的鈍化膜，磨屑迅速的被溶解並被流動的電解液攜離。如此週而復始，直到工件平面達到要求之尺寸及精度為止。由於工具在高頻率振動下，使加工區產生「空化作用」，加速了電化學反應，加快了鈍化膜的去除和金屬的溶解速度。由於鈍化膜較軟，工具所受阻力不大，故工具磨損較一般研磨為低。

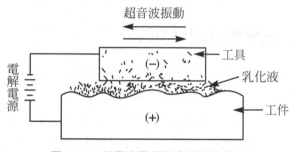

圖 12-9　超音波電解複合拋光示意圖

12-4-2-2　影響拋光速度和拋光精度的因素

1. 電解液

   電解液的成份必須根據工件材料的不同而加以選擇。對於模具鋼的拋光，可選擇具有拋光精度好、無毒、性能穩定，濃度為 20% 左右的 $NaNO_3$ 水溶液。

2. 工作電壓

工件表面粗糙度高時，高的工作電壓可獲得較高的加工速度；在精拋時，減小工作電壓可獲得高加工精度和低表面粗糙度。工作電壓過高，工件表面易出現腐蝕；過低時，拋光效率低、表面精度差。

3. 輸出功率

工件表面原始粗糙度高、拋光阻力大、輸出功率要大，以提高加工效率。工具對工件的壓力為定值時，接觸面積會增加，拋光阻力便相對增大，此時必須增加輸出功率。

■ 12-5　電解放電研磨加工

電解放電研磨加工是結合機械磨削、電解加工和放電加工的一種複合加工方法，又稱 MEEC 法。近幾年來，對 MEEC 法又作了重大改進，演變成新MEEC 法。

■ 12-5-1　電解放電研磨加工方法

12-5-1-1　電解放電研磨加工的原理

電解放電研磨加工方法如圖 12-10 所示，主要是由加工電源、磨輪、工作液、主軸經絕緣處理的研磨機台所組成。加工電源為 25～50V 的直流電壓，工件接電源的正極；磨輪分為導電和不導電兩部分，兩者以樹脂黏結。導電部分成扇形分佈，不導電部份與一般砂輪相同。介電液取具有導電性的低濃度(0.5%～1%)電解液。加工時，磨輪旋轉，當不導電部分與工件接觸時，磨粒對工件產生機械磨削作用。而導電部位接近工件時，被噴射到砂輪和工件間的磨削液便產生電解作用。當導電部分離開工件的瞬間會發生放電現象，而產生放電加工作用。透過磨輪反覆不停地旋轉研磨、電解、放電三者的共同作用，

使加工精度和加工效率大幅增加。

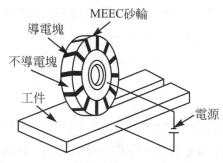

圖 12-10　MEEC 磨削基本原理示意圖

12-5-1-2　電解放電研磨加工法的特點與應用

(1)　電解放電研磨加工法的電源，可以根據不同工件狀態進行不同加工條件，如直流、交流、最大電壓、電流等之選擇，還可對通電量和輸出量進行微調。

(2)　電解放電研磨加工所使用之介電液為低濃度的特殊電解液，可達成電解、放電、機械研磨時的各種功能，且不腐蝕機台。

(3)　電解放電研磨加工法具高速、高精度的研磨功效。

(4)　電解放電研磨加工之工件不會損傷，不產生變質層。

電解放電研磨加工法可用於切割、成形研磨、平面研磨、圓柱研磨及用薄片砂輪切割窄槽等不同加工形式。而加工材料除了各種鋼鐵外，還可磨削硬質合金、金鋼石、立方氮化硼燒結體、玻璃、導電或不導電陶瓷等難切削材料。

■ 12-5-2　新電解放電研磨加工法

新電解放電研磨加工法是在電解放電研磨加工的基礎上作了一些改變。主要是增加修整砂輪用的電極，以及改用可分別在砂輪工件間、砂輪和修整砂輪用電極間能變換各種電氣參數的新電源。圖 12-11 所示，是用於磨削導電材料的砂輪及電解放電研磨加工裝置示意圖。如早期所用的砂輪一樣，其外圈上的

各導電部分都只有數毫米寬。圖 12-12 是用於磨削不導電材料，由於工件不導電，因此在磨削區附近設置電極，甚至以噴嘴作為電極，藉由通過電解液形成放電回路。

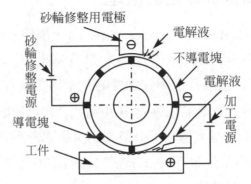

圖 12-11　磨削導電材料的砂輪及 MEEC 磨削裝置示意圖

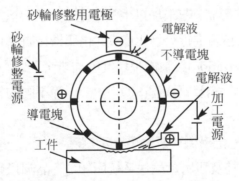

圖 12-12　磨削不導電材料的 MEEC 磨削裝置示意圖

　　由於新電解放電研磨加工法在加工中能夠持續不斷地對磨輪進行整修，使磨輪磨粒對工件表面有適當的突出，也使磨輪中的導電部位對工件表面有一適當的間隙值進行電解和放電加工，因此能夠充分發揮機械研磨、電解和放電的複合加工作用。

■ 12-6 化學機械研磨

■ 12-6-1 化學機械研磨的原理

化學機械研磨(chemical mechanical polishing，簡稱 CMP)是一種結合了機械研磨拋光與化學腐蝕機制的加工方式。化學機械研磨是取代傳統式的研磨方法。其原理是使用含強酸性或是強鹼性的化學溶劑，在電子業所用之晶圓(wafer)表面腐蝕形成較軟之氧化層，然後用清水及微細研磨顆粒所混合製成的研磨劑(slurry)，配合上拋光盤之研磨墊(pad)與晶圓表面的相對運動，以磨除晶圓表面不平整之凹凸部分(約 50μm)，使得經過 CMP 製程的晶圓表面可以呈現極佳的表面平整度及精度。

在半導體製程中，於已有積層的晶圓表面繼續進行薄膜沉積時，會在晶圓表面形成凹凸不平的形狀，若未加以平整化處理，不平坦的表面將會影響後續製程之精確性，所以必須進行平坦化處理。化學機械研磨可滿足晶圓表面上局部平坦度(local planarization)與整體平坦度的需求，同時可對各種金屬(如 Al、Cu、Ta、Ti、TiN、W 等)及絕緣體(SiO_2、Si_3N_4)等不同的材料進行化學機械研磨。

圖 12-13 所示是化學機械研磨平台示意圖。機台一般由研磨平台、研磨劑、晶圓載具、研磨墊及研磨劑輸送系統所組成。晶圓以研磨頭下壓於研磨墊上，待平坦化之晶圓面朝下，晶圓片與研磨墊各以不同的速度旋轉。研磨劑(slurry)由供應系統滴入研磨墊中央，研磨劑包含化學溶液與懸浮於其中的微細研磨顆粒，機台旋轉所產生的離心力使研磨劑在研磨墊上均勻分布形成薄膜。由研磨頭下壓所產生的機械作用、研磨顆粒在晶圓片與研磨墊間的相對運動所產生的磨耗及研磨劑化學溶液的化學腐蝕作用等三種綜合效應，使得晶圓面上不平整之積層材料得以被去除，而達到平坦化的目的。圖 12-14 所示為平坦化過程之示意圖。

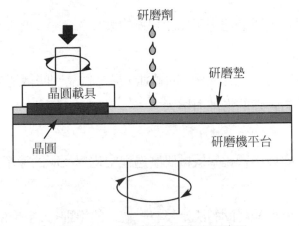

圖 12-13　化學機械研磨平台示意圖

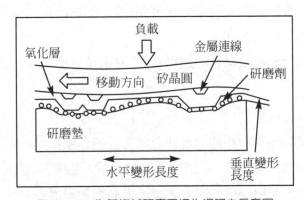

圖 12-14　化學機械研磨平坦化過程之示意圖

■ 12-6-2　影響化學機械研磨製程的參數

　　影響化學機械研磨製程的因素主要可以分成兩大類，一類是研磨製程中的操作參數控制，另一類是晶圓本身幾何形狀及耗材的選用。研磨製程中的操作參數包括下列四項：

1. 負荷

　　即研磨過程中施加於晶圓上的向下壓力，此壓力對研磨速率有很大的影

響。一般而言，研磨速率正比於負荷的大小。

2. 轉速

轉速包括兩部份，一為研磨墊的轉速，另一為晶圓的轉速，同樣的研磨速率也隨著相對轉速的增加而增大。

3. 研磨溫度

研磨溫度主要會影響化學機械研磨過程中化學反應的速率。

4. 拋光時間

化學機械研磨拋光時間的決定沒有一統一的準則，大多是依照經驗來判定拋光時間。若研磨時間過短，則晶圓表面的平坦度會不足，若是研磨時間過長則可能會對晶圓表面造成傷害。因此，如何決定化學機械研磨完成時間是一項很重要的課題。

晶圓本身幾何形狀及耗材的選用，對化學機械研磨製程之影響大略可分為下列三項：

1. 晶圓表面之幾何形狀

化學機械研磨製程中相關的幾何形狀主要包含兩部份，一是晶圓面的曲率大小及表面凹凸變化，二為研磨墊的變形量。形狀的變化會改變兩研磨面間的受力狀況及研磨液的厚度大小，進而影響研磨速率。

2、研磨墊的性質

研磨墊是屬於一種纖維結構，纖維的組成、尺寸、高度、可壓縮性、彈性係數、剪力模數、硬度、粗糙度及對研磨液的化學反應均會影響研磨情況。

3. 研磨液的性質

研磨液包含懸浮顆粒及液體兩部份，研磨顆粒的參數部份包括顆粒的大小、種類、所佔的濃度及懸浮能力等。而液體則涵蓋其 pH 值、組成內容、添加劑等，此外研磨液流量大小與研磨液滴送的位置對化學機械研磨製程也有影響。

習　題

1. 複合加工的優點爲何?

2. 電解機械複合加工的方法有哪些?

3. 試述超音波振動切削的基本原理與特點。

4. 何謂電解放電研磨加工?

5. 何謂化學機械研磨?

NONTRADITIONAL MACHINING

參考書目

1. J.A. McGeough, Advanced Methods of Machining, New York, Chapman and Hall,1988.
2. 非傳統加工技術研討會論文集 經濟部生產自動化執行小組，新竹，1983。
3. 雷射加工暨精密電鑄技術研討會，經濟部技術處，台北，1997。
4. 董光雄，放電加工，復文書局，台南，1994。
5. 張瑞慶譯，非傳統加工，高立書局，台北，1995。
6. 李世鴻，積體電路製程技術，五南圖書出版社，台北，2000。
7. 機械月刊，機械月刊社，台北，八月號，2000。
8. 劉晉春，陸紀培主編·特種加工，北京，機械工業出版社，1987。
9. 金慶同主編，特種加工·北京，航空工業出版社，1988。
10. 陳傳梁主編，特種加工技術，北京，北京科學技術出版社，1988。

11. 哈爾濱工業大學機械制造工藝教研室編，電解加工技術，北京，國防工業出版社，1978。

12. 梁肇偉等著，刷鍍新技術，北京，人民交通出版社，1985。

13. 楊建新，放電加工理論及應用，北京，冶金工業出版社，1992。

14. 李明輝，放電加工理論基礎，北京，國防工業出版社，1989。

15. 孔慶華，精密電鑄技術，機械科學與技術，1991.

16. 張裕琪，表面處理，高立書局，台北，1996。

17. 編輯委員會，高級放電加工技術，機械技術雜誌社，台北，1989。

索 引

非傳統加工

國家圖書館出版品預行編目資料

非傳統加工 ／ 許坤明編著. -- 三版. --　臺北縣土
　　城市：全華圖書，民 99.02
　　　面；　公分
　　ISBN 978-957-21-7537-8(平裝)

　1.CST：　機械工作法

446.89　　　　　　　　　　　　　99002763

非傳統加工

作者／許坤明

發行人／陳本源

執行編輯／吳政翰

出版者／全華圖書股份有限公司

郵政帳號／0100836-1 號

印刷者／宏懋打字印刷股份有限公司

圖書編號／0559502

三版八刷／2022 年 09 月

定價／新台幣 330 元

ISBN／978-957-21-7537-8　(平裝)

全華圖書／www.chwa.com.tw

全華網路書店 Open Tech／www.opentech.com.tw

若您對本書有任何問題，歡迎來信指導 book@chwa.com.tw

臺北總公司(北區營業處)
地址：23671 新北市土城區忠義路 21 號
電話：(02) 2262-5666
傳真：(02) 6637-3695、6637-3696

南區營業處
地址：80769 高雄市三民區應安街 12 號
電話：(07) 381-1377
傳真：(07) 862-5562

中區營業處
地址：40256 臺中市南區樹義一巷 26 號
電話：(04) 2261-8485
傳真：(04) 3600-9806(高中職)
　　　(04) 3601-8600(大專)

歡迎加入 全華會員

● 會員獨享

會員享購書折扣、紅利積點、生日禮金、不定期優惠活動⋯⋯等。

● 如何加入會員

填妥讀者回函卡直接傳真 (02) 2262-0900 或寄回，將由專人協助登入會員資料，待收到 E-MAIL 通知後即可成為會員。

全華書籍

如何購買

1. 網路購書

全華網路書店「http://www.opentech.com.tw」，加入會員購書更便利，並享有紅利積點回饋等各式優惠。

2. 全華門市、全省書局

歡迎至全華門市（新北市土城區忠義路21號）或全省各大書局、連鎖書店選購。

3. 來電訂購

(1) 訂購專線：(02) 2262-5666 轉 321-324
(2) 傳真專線：(02) 6637-3696
(3) 郵局劃撥（帳號：0100836-1　戶名：全華圖書股份有限公司）
※ 購書未滿一千元者，酌收運費 70 元。

OpenTech 全華網路書店
全華網路書店 www.opentech.com.tw
E-mail: service@chwa.com.tw

※ 本會員制如有變更則以最新修訂制度為準，造成不便請見諒。